第12章 综合应用
12.1 美白护肤品海报设计

第10章 图像的变形与修饰
10.3.1 使用【高斯模糊】滤镜磨皮

第5章 绘画工具的应用
5.4.2 自定义笔尖形状

第4章 选区的应用
4.4.4 扩展与收缩选区

第4章 选区的应用
课堂案例：宠物店铺海报制作

第8章 图层的高级应用
8.3.6 【斜面和浮雕】图层样式

本书精彩实例

第9章 图像颜色调整
9.2.1 亮度/对比度

第5章 绘画工具的应用
5.2.2 使用油漆桶工具填充

第4章 选区的应用
4.3.1 魔棒工具

第6章 矢量绘图工具的应用
6.6 课后习题 1

第3章 图层的基本应用
3.2.9 移动图层

第3章 图层的基本应用
3.2.7 更改图层的堆叠顺序

第11章 蒙版与通道的应用
11.3.1 创建剪贴蒙版

第10章 图像的变形与修饰
10.3.3 使用【智能锐化】滤镜对图片进行锐化

第10章 图像的变形与修饰
10.2.3 使用仿制图章工具去除杂物

第3章 图层的基本应用
课堂实训：对齐相册模板中的照片

本书精彩实例

▶ 第4章　选区的应用
　4.2.1　矩形选框工具

▶ 第8章　图层的高级应用
　8.2　图层混合模式的应用

▶ 第4章　选区的应用
　4.4.3　移动选区

▶ 第6章　矢量绘图工具的应用
　课堂案例：将模糊位图变成矢量清晰大图

▶ 第11章　蒙版与通道的应用
　11.6　课后习题

第12章　综合应用
12.5　创意汽车海报设计

第6章　矢量绘图工具的应用
6.1　认识矢量绘图

第5章　绘画工具的应用
5.2.5　使用渐变填充工具

第9章　图像颜色调整
9.2.4　自然饱和度

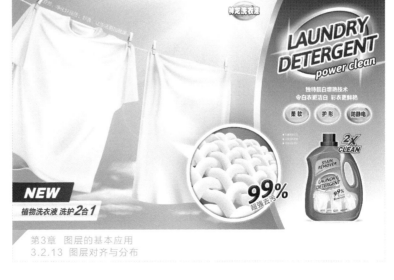

第3章　图层的基本应用
3.2.13　图层对齐与分布

本书精彩实例

第9章 图像颜色调整
9.2.5 色相/饱和度

第9章 图像颜色调整
9.2.9 黑白

第9章 图像颜色调整
9.2.8 可选颜色

第8章　图层的高级应用
8.6　课后习题

第10章　图像的变形与修饰
10.1.3　使用【液化】滤镜修出完美脸型

第8章　图层的高级应用
课堂实训：设计网店主图如何让重点文字突出

第8章　图层的高级应用
8.4.1　复制和粘贴图层样式

本书精彩实例

第3章 图层的基本应用
课堂案例：将杂乱照片排列整齐

第7章 文字的创建与编辑
课堂案例：宠物店狗粮促销海报

第7章 文字的创建与编辑
7.1.5 使用【段落】面板

第4章 选区的应用
4.3.3 【选择并遮住】命令

第9章 图像颜色调整
9.2.6 色彩平衡

第5章 绘画工具的应用
课堂案例：在选区内添加渐变色

第8章 图层的高级应用
8.3.3 【描边】图层样式

第5章 绘画工具的应用
课堂实训：冰激凌海报制作

第12章 综合应用
12.3 小米礼盒包装设计

第8章 图层的高级应用
8.3.5 【图案叠加】图层样式

本书精彩实例

第5章 绘画工具的应用
5.2.1 使用前景色与背景色填充

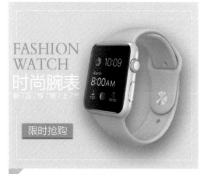

第8章 图层的高级应用
8.3.1 【投影】图层样式

第6章 矢量绘图工具的应用
6.4.3 椭圆工具

第12章 综合应用
12.2 时尚杂志封面设计

第6章 矢量绘图工具的应用
6.6 课后习题 2

第6章 矢量绘图工具的应用
6.2.1 使用【形状】绘图模式

第8章 图层的高级应用
课堂案例：为文字添加渐变叠加效果

第11章 蒙版与通道的应用
课堂案例：用通道将照片调成淡色调

第9章 图像颜色调整
课堂案例：调整广告中偏色的商品图

第4章 选区的应用
4.2.2 椭圆选框工具

第5章 绘画工具的应用
课堂案例：给照片添加逼真的雨丝

第11章 蒙版与通道的应用
11.5.1 通道与颜色

01/02

▎第10章 图像的变形与修饰
10.1.2 使用内容识别缩放将画面变宽

▎第7章 文字的创建与编辑
7.1.6 创建路径文字

▎第11章 蒙版与通道的应用
11.3.1 创建剪贴蒙版

▎第7章 文字的创建与编辑
7.3 课后习题

▎第11章 蒙版与通道的应用
11.2.2 编辑图层蒙版

从零开始▶

Photoshop CC 2019
中文版基础教程

神龙影像　编著

人民邮电出版社

北京

图书在版编目（CIP）数据

从零开始：Photoshop CC 2019中文版基础教程 /
神龙影像编著. -- 北京 ：人民邮电出版社，2020.2
ISBN 978-7-115-52141-5

Ⅰ. ①从… Ⅱ. ①神… Ⅲ. ①图象处理软件—教材
Ⅳ. ①TP391.413

中国版本图书馆CIP数据核字(2019)第217916号

内 容 提 要

本书从最基础的 Photoshop 安装和使用方法讲起，循序渐进解读 Photoshop 的各项核心功能及用法，包括 Photoshop 的工作界面管理，文件的基本操作，图像的编辑方法，图层的基础知识及高级操作方法，选区、蒙版和通道的概念和应用技法，绘画工具和矢量绘图工具的使用方法，色彩基础知识及调色技法，编辑文本的方法，滤镜的使用方法等内容。

本书对所有功能的讲解均通过精心设计的不同难度级别的商业实例展开，以帮助读者轻松掌握 Photoshop 的各种功能的同时，亦能快速深入体会商业设计理念和精髓，所涉及的商业案例包括海报设计、杂志设计、包装设计、网店美工设计、摄影后期处理等。此外，本书还会提供全书实例的素材文件、效果文件及精品视频。

本书是 Adobe 中国授权培训中心官方培训教材，适用于 Photoshop 零基础的读者，也可作为相关教育培训机构的教学用书。通过对本书内容的学习，读者可以从零基础快速成长为 Photoshop 的应用高手。

♦ 编　　著　神龙影像
　　责任编辑　俞　彬
　　责任印制　马振武

♦ 人民邮电出版社出版发行　　北京市丰台区成寿寺路 11 号
　　邮编　100164　电子邮件　315@ptpress.com.cn
　　网址　http://www.ptpress.com.cn
　　北京九州迅驰传媒文化有限公司印刷

♦ 开本：787×1092　1/16　　　　彩插：6
　　印张：16　　　　　　　　　　2020 年 2 月第 1 版
　　字数：369 千字　　　　　　　2024 年 9 月北京第 17 次印刷

定价：69.90 元

读者服务热线：(010)81055410　印装质量热线：(010)81055316
反盗版热线：(010)81055315
广告经营许可证：京东市监广登字 20170147 号

前言

Photoshop在设计领域应用非常广泛，涉及平面设计、网页设计、UI设计、摄影后期处理、手绘插画、服装设计、网店美工、创意设计等，且深受广大艺术设计人员和电脑美术爱好者的喜爱。本书语言通俗易懂并配以大量图示，其内容编写特点如下。

本书内容编写特点

1. 零起点，入门快

本书以入门者为主要读者对象，通过对基础知识细致入微的讲解，辅以对比图示效果，并结合中小实例，对常用工具、命令、参数等做出详细的介绍，同时给出技巧提示，确保零起点的读者能轻松快速入门。

2. 内容全面，注重学习规律，强化动手能力

本书采用"知识点+课堂案例+课堂实训+课后习题"的模式编写，具有轻松易学的特点。"知识点"涵盖了Photoshop CC 2019所提供的各类工具与命令的常用功能；"课堂案例"便于读者动手操作，在模仿中学习；"课堂实训"用来帮助读者加深印象，提高实际应用能力；"课后习题"可以帮助读者巩固知识，提高软件操作技巧，为将来开展设计工作奠定基础。

3. 实例丰富，案例效果精美

书中实例都经过精心筛选，在保证其丰富性和多样性的同时还具有很强的实用性和参考性；案例效果则在保证其商业性的基础上追求艺术性，注重对读者进行审美熏陶。Photoshop只是工具，读者在设计作品时一定要有审美意识。

4. 手机扫码看视频，跟着书本同步学

每章课堂案例、课堂实训部分嵌入二维码，读者可通过手机扫码看视频，跟着书本同步学习。

5. 电脑离线看视频

读者可下载视频及素材源文件，边看边练，如同老师在身边手把手教导，学习更轻松、更高效。

6. 配套资源完善，便于深度拓展

除了提供几乎覆盖全书实例的配套视频和素材源文件外，本书还针对设计工作者必学的内容赠送了大量教学与练习资源。

因而，本书特别适合Photoshop新手阅读；有一定使用经验的用户也可从中学到大量高级功能和Photoshop CC 2019新增功能的使用方法。本书也适合各类培训班学员及广大自学人员参考。

本书配套资源下载方法

读者可以使用微信扫描封底二维码，关注"职场研究社"公众号，发送"52141"后，将获得资源下载链接和提取码。将下载链接复制到任何浏览器中并访问下载页面，即可通过提取码下载配套资源。

致谢

在本书的创作过程中得到了不少精通Photoshop的设计师及Photoshop新手的大力支持，他们为本书的案例选择和内容写作提出了很多宝贵的意见与建议，在此表示诚挚的感谢！

本书由神龙影像策划编写，参与资料收集和整理工作的有于丽君、孙连三、孙屹廷等。由于时间仓促，加之水平有限，书中难免存在错误和不妥之处，敬请广大读者批评和指正，联系邮箱为luofen@ptpress.com.cn。

神龙影像

2020年1月

目录

目录

第 **1** 章

认识Photoshop

本章内容导读

本章主要讲解Photoshop的基础知识，让读者从软件的安装与启动开始学起，熟悉Photoshop的工作界面，逐渐掌握Photoshop的一些基本操作，为进一步学习使用Photoshop做准备。

重要知识点

- 熟悉Photoshop的工作界面。
- 掌握【新建】【打开】【存储】等命令的使用。

学习本章后，读者能做什么

通过本章学习，读者能学会Photoshop软件的安装与卸载，通过不断练习可以熟练掌握室内写真、喷绘、网店海报等各种文件的创建与存储，以及快速打开已有文件等操作。

UNDERSTANDING OF PHOTOSHOP

1.1 初识 Photoshop

Photoshop是什么?

　　Photoshop,全称是 Adobe Photoshop,是由Adobe Systems Incorporated开发和发行的图像处理软件,也就是大家常挂在嘴边的"PS"。本书后文所提及的"Photoshop",若无特别说明均指"Adobe Photoshop CC 2019"。

Photoshop能做什么?

　　Photoshop是各类电脑图像设计人员的必备软件,使用它可以完成广告设计、书籍装帧设计、产品包装设计、网店美工设计、UI设计、创意合成设计、插画设计、服装设计等方面的工作。

1.1.1 安装与卸载软件

　　Photoshop的安装和卸载,非常简单。读者首次接触Photoshop可以从软件的安装开始学起。

安装软件

　　从Adobe官网下载Photoshop CC 2019安装试用版。单击Photoshop图标下方的【下载试用版】,如图1-1所示。

　　接着在弹出的页面中注册一个Adobe ID。在注册页面中输入基本信息,如图1-2所示。完成注册后登录Adobe ID,如图1-3所示。

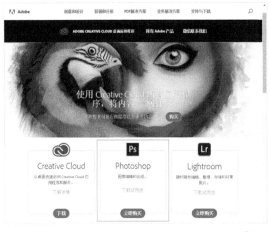

图1-1　　　　　　　　　　　　　　　　图1-2　　　　　　　　　　　　图1-3

　　登录Adobe ID后,就可以下载并安装Adobe Creative Cloud,安装程序如图1-4所示。启动Adobe Creative Cloud即可看见Adobe的各类软件,找到要安装的软件"Photoshop CC",单击【试用】按钮即可安装软件,如图1-5所示。

提示　用户可以"试用"的方式对软件进行下载和安装,在没有付费购买Photoshop软件之前,可以免费试用一段时间;如果需要长期使用该软件,则需要购买。

CreativeCloudSet-Up.exe

图1-4　　　　　　　　　　　　　　　　　　　　　　　　　　　图1-5

卸载软件

打开【控制面板】，单击【程序和功能】图标，打开【程序和功能】对话框，选中"Adobe Photoshop CC 2019"，右击鼠标弹出【卸载/更改】命令，单击该命令即可开始卸载，如图1-6、图1-7所示。

图1-6

图1-7

1.1.2 启动与退出软件

启动软件

单击桌面左下角的【开始】按钮，打开程序菜单并单击"Adobe Photoshop CC 2019"，即可启动Photoshop，如图1-8所示。

图1-8

图1-10

首先出现的是Adobe Photoshop CC 2019的启动界面，如图1-9所示。启动完成后，会显示Photoshop的开始界面，如图1-10所示。

在该界面单击【新建】或【打开】按钮，即可新建或打开一个文件，进入Photoshop的工作界面，如图1-11所示。

图1-9

图1-11

退出软件

单击Photoshop工作界面右上角的【关闭】按钮  或按【Ctrl+Q】组合键，即可退出Photoshop，如图1-12所示。

图 1-12

1.2 熟悉Photoshop 工作界面

在Photoshop CC 2019的开始界面新建或打开一个文件，即可进入Photoshop的工作界面。读者需熟悉Photoshop工作界面的结构和基本功能，让操作更加快捷。

1.2.1 认识工作界面组件

Photoshop CC 2019的工作界面中包含菜单栏、标题栏、文档窗口、工具箱、工具选项栏、面板和状态栏等组件，如图1-13所示。

图1-13

菜单栏 Photoshop的菜单栏包含11个菜单，基本整合了Photoshop中的所有命令，通过这些菜单中的命令，可以轻松完成文件的创建和保存、图像大小修改、图像颜色调整等操作。

标题栏 显示文档名称、文档格式、窗口缩放比例和颜色模式等信息。如果文件中包含多个图层，则标题栏还会显示当前工作的图层名称。打开多个图像时，在窗口中只会显示当前图像。单击标题栏中的相应标题即可显示相应的图像，如图1-14所示。

文档窗口 文档窗口是显示和编辑图像的区域。

图 1-14

工具箱 Photoshop的工具箱包含了用于创建和编辑图形、图像、图稿的多种工具。默认状态下，工具箱在窗口左侧。

把鼠标指针移动到一个工具上停留片刻，就会显示该工具的名称和快捷键信息，同时会出现动态演示，来告诉用户这个工具的用法，如图1-15所示。

单击工具箱中的工具按钮即可选择该工具，如图1-16所示；工具箱中部分工具的右下角带有黑色小三角标记，它表示这是一个工具组，其中隐藏多个子工具，在这样的工具按钮上右击即可查看子工具，将鼠标指针移动到某子工具上单击，即可选择该工具，如图1-17所示。

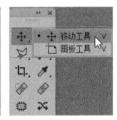

图 1-15　　　　图 1-16　　　　　　图 1-17

工具选项栏 使用工具进行图像处理时，工具选项栏会出现当前所用工具的相应选项，它的内容会随着所选工具的不同而不同，用户可以根据自己的需要在其中设置相应工具的参数。以快速选择工具为例，选择该工具后，在工具选项栏中显示的选项如图1-18所示。

图 1-18

面板 面板主要用来配合图像的编辑、对操作进行控制以及设置参数等。Photoshop中共有20多个面板，在菜单栏的【窗口】菜单中可以选择需要的面板并将其打开，常用面板有【图层】、【通道】和【路径】等。默认情况下，面板以选项卡的形式出现，并位于窗口右侧，用户可以根据需要打开、关闭或自由组合面板。

在面板选项卡中，单击某面板的标签，即可显示该面板的选项，如图1-19、图1-20所示。

图 1-19　　　　　　　　图 1-20

　　组合/分离面板　使鼠标指针停留在当前面板的标签上单击后将其拖动到目标面板的标签栏上，可以将其与目标面板组合，如图1-21、图1-22所示。

　　使鼠标指针停留在面板组内某个面板的标签上单击并拖动至面板组外，可以将其从面板组中分离出来，如图1-23、图1-24所示。

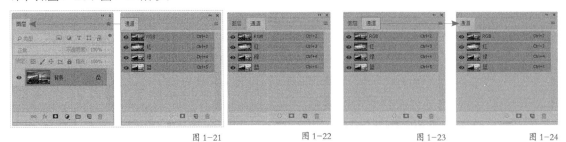

图 1-21　　　　　　　　图 1-22　　　　　　　　图 1-23　　　　　　　　图 1-24

　　状态栏　位于图像窗口的底部，可显示文档大小、文档尺寸和窗口缩放比例等信息。其左部显示的参数为图像在窗口中的缩放比例。

1.2.2 选用合适的工作区

　　在Photoshop的工作界面中，菜单栏、文档窗口、工具箱和面板统称为工作区。

　　Photoshop根据不同的制图需求，提供多种工作区，如基本功能、摄影、绘画等工作区。单击工作界面右上角的▣按钮，可以在弹出的子菜单中切换工作区，如图1-25所示。

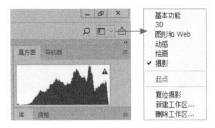

图 1-25

　　不同工作区的差异主要在于工具箱和面板的显示。为使操作方便快捷，Photoshop把工具箱和面板中大量的工具和命令按工作类型进行了分类，每个类别只显示与本类别工作相关的工具和命令。例如，如果用户从事的是摄影后期处理方面的工作，则可选用【摄影】工作区，此时工具箱和面板中便只会显示与摄影后期处理相关的工具和命令；如果用户从事的是网页或UI设计方面的工作，则可选用【图形和Web】工作区，此时工具箱和面板中便只会显示与网页或UI设计相关的工具和命令，如图1-26所示。

工具箱不同　　　　选用【摄影】工作区　　　　面板不同

选用【图形和Web】工作区

图 1-26

如果用户在操作过程中移动了工具箱、面板位置（或关闭了工具箱、面板），执行【复位】命令可复位当前工作区。以【摄影】工作区为例，如图1-27所示面板摆放杂乱且部分面板被关闭，执行【复位摄影】命令即可复位工作区，如图1-28所示。

图 1-27

图 1-28

1.3 文件的基本操作

读者在熟悉Photoshop的工作界面后，就可以正式接触Photoshop的功能了。本节将学习文件的基本操作：如何新建一个文件，如何打开已有文件，如何存储与关闭文件。

1.3.1 新建文件

启动Photoshop进入开始界面后，此时界面一片空白。要进行作品的设计制作，首先要创建一个文档。

单击开始界面的【新建】按钮（新建…），打开【新建文档】对话框进行创建，如图1-29所示。新建文档大致有从预设创建（ ❶ ）、自定义创建（ ❷ ）和根据最近使用的项目创建（ ❸ ）这3种创建方式。

图 1-29

从预设中创建文档

Photoshop根据不同的应用领域，将常用尺寸进行了分类，用户可以根据需要在预设项中选择合适的尺寸。

选中合适的尺寸后，在自定义创建区会显示该预设尺寸的详细信息，单击【创建】按钮即可创建文档。

如果文档用于排版、印刷，可单击【打印】标签，即会在左下方列表中显示排版、印刷常用的预设选项。单击【查看全部预设信息】可显示该标签中的全部预设选项，拖动右侧滑块可进行查看，如图1-30所示。

【打印】选项卡中的预设尺寸

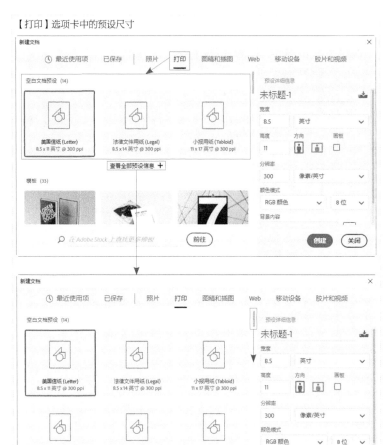

图1-30

如果文档用于网页、网店设计，可单击【Web】标签，即会在左下方列表中显示网页设计常用的预设选项，如图1-31所示。

【Web】选项卡中的预设尺寸

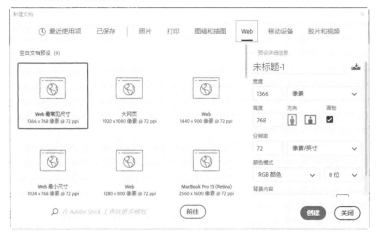

图1-31

如果文档用于UI设计，可单击【移动设备】标签，即会在左下方列表中显示当下移动设备常用的预设选项，如图1-32所示。

【移动设备】选项卡中的预设尺寸

图 1-32

自定义创建文档

如果在预设中没有找到合适的尺寸，就需要自己设置。在【新建文档】对话框的右侧，可以进行【宽度】【高度】【分辨率】等参数的设置，如图1-33所示。

【名称】 在该选项中也可以输入文档的名称，默认文档名为"未标题-1"。创建文档后，文档名显示在文档窗口的标题栏中。

【宽度/高度】 在该选项中可以设置文档的宽度/高度，在宽度数值的右侧下拉列表框中可以设置单位，如图1-34所示。可以根据需要进行单位设置，一般若文档用于印刷选用【毫米】，用于写真、喷绘选用【厘米】，用于网页设计选用【像素】。

图 1-33　　　　　图 1-34

【方向】 单击▯按钮，文档方向为竖版；单击▯按钮，文档方向为横版。

【分辨率】 此外分辨率是指单位长度内包含像素点的数量，它的单位通常为像素/英寸（ppi）。例如，72像素/英寸表示每英寸包含72个像素点，300像素/英寸表示每英寸包含300个像素点。在该选项中可以设置文件的分辨率，在其右侧选项中可以选择分辨率的单位，【像素/英寸】和【像素/厘米】，通常情况下选择【像素/英寸】。

📋 职场经验　　关于分辨率

　　分辨率决定了位图细节的精细程度。通常情况下，分辨率越高，图像就越清晰。但也并不是任何场合都需要使用高分辨率，因此，在不同情况下需要对分辨率进行不同的设置。一般印刷品分辨率为300像素/英寸，高档画册分辨率为350像素/英寸，照片、写真机输出、多媒体显示、网页设计、移动设备显示一般为72像素/英寸，喷绘广告若面积在一平方米以内分辨率一般为70~100像素/英寸，大型喷绘可为25像素/英寸。

【颜色模式】 在该选项中可以选择文档的颜色模式，包含5种颜色模式，通常情况下使用【RGB颜色】模式和【CMYK颜色】模式。一般用于网页显示、屏幕显示、冲印照片等使用【RGB颜色】模式，用于室内写真、户外喷绘、印刷则使用【CMYK颜色】模式。

【背景内容】 在该选项中可以设置文档背景颜色，包括白色、黑色、背景色、透明和自定义。白色为默认颜色，如图1-35所示；背景色是选择拾色器中的颜色作为文档的背景色，如图1-36所示；透明是指创建一个透明背景层，如图1-37所示。此时该文档没有背景颜色。

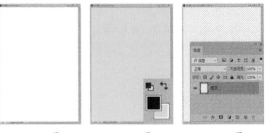

图 1-35　　　　　图 1-36　　　　　图 1-37

🔗 相关链接　进行自定义创建文档前首先要弄明白几个重要概念：像素、分辨率、颜色模式（关于像素、分辨率的概念见第2章）。

根据最近使用的项目创建

如果要使用最近创建过的项目，可以直接在【新建】对话框左侧的【您最近使用的项目】中找到并单击选择该项目，然后单击【创建】按钮即可创建文档。此处默认显示20个最近使用的项目。

💡 提示　文档的创建，除了可以在开始工作界面完成，还可以通过选择菜单栏【文件】>【新建】命令或按【Ctrl+N】组合键，打开【新建文档】对话框，进行文档的创建操作。

1.3.2 打开文件

如果需要处理图片或继续编辑之前的文件，就需要在Photoshop中打开已有的文件。

启动Photoshop后，在开始界面会显示最近使用项的缩览图（默认显示20个），单击缩览图即可打开相应的文件，如图1-38所示。

图 1-38

如果在最近使用项区域没有找到需要打开的文件，可以单击开始界面左侧的【打开】按钮，或单击菜单栏【文件】>【打开】命令（快捷键【Ctrl+O】），即可弹出【打开】对话框，在该对话框中浏览找到文件所在的位置，选中需要打开的文件，然后单击【打开】按钮，即可将其打开，如图1-39所示。

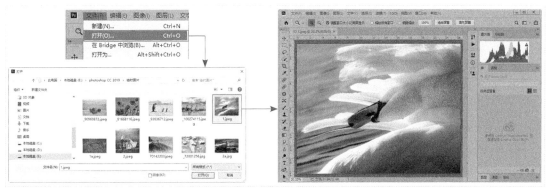

图 1-39

> **提示** 在【打开】对话框中可以一次性选中多个文件，同时将其打开。按住【Ctrl】键单击，可以选中不连续的多个文件；按住【Shift】键，用鼠标单击，可以选中连续的多个文件。

1.3.3 保存文件

对文件进行了编辑后，可以将文件保存，以便于下次打开继续操作。

用【存储】命令保存图像

单击菜单栏【文件】>【存储】命令或按【Ctrl+S】组合键，即可打开【另存为】对话框。在对话框中设置文件的保存位置、输入文件名、选择文件格式后，单击【保存】按钮，即可将文件保存，如图1-40所示。

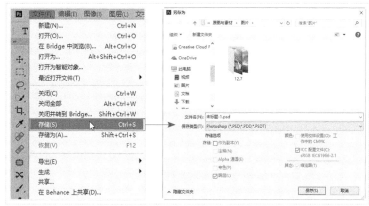

图 1-40

【文件名】 可以输入文件名。

【保存类型】 选择文件的保存格式（文件格式详见1.3.4节）。

【作为副本】 选中该选项，可以另外保存一个副本文件。

【ICC配置文件】 选中该选项，可以保存嵌入文件中的ICC配置文件。

用【存储为】命令保存图像

当对已储存过的文件进行各种编辑后，使用【存储】命令进行存储，将不弹出【另存为】对话框，计算机直接保存最终的结果，并覆盖原始文件；如果要将编辑后的文件存储在一个新位置，此时单击菜单栏【文件】>【存储为】命令或按【Shift+Ctrl+S】组合键，打开【另存为】对话框进行设置。

> **提示** 在处理文件的过程中，特别是大型的文件，需要及时将文件保存，完成一部分保存一部分，避免发生意外而使处理后的文件数据丢失。

1.3.4 存储格式的选择

储存文件时，在【另存为】对话框中的【保存类型】下拉列表中有多种格式可供选择。但并不是所有的格式都常用，选择哪种才合适呢？下面就来认识几种常用的图像格式。

以 PSD 格式进行存储

在存储新文件时，PSD为默认格式，它是用来保留设计方案的，不是最终的应用格式。如果在创建的文档中做过图层、蒙版、通道、路径、未删格式的文字、图层样式等方面的操作，在另存为其他格式文件的情况下，最好再额外保存一份PSD格式的文件，以便于后期修改时不用重头来做，这是因为PSD格式的文件可以将这些操作信息都保留在里面。在【另存为】对话框中的【保存类型】下拉列表中选择该格式可直接保存文件，如图1-41所示。

图 1-41

以 JPEG 格式进行存储

JPEG格式是一种常见的图像存储格式，是最终的应用格式。如果图像是用于网页、屏幕显示、冲印照片等对图像品质要求不高的情况，则可以存储为JPEG格式。

JPEG格式是一种压缩率较高的图像存储格式，当创建的文档存储为这种格式的时候，其图像质量会有一定的损失。

单击菜单栏【文件】>【存储为】命令，在打开的【另存为】对话框中的【保存类型】下拉列表中选择JPEG，单击【保存】按钮后将打开【JPEG选项】对话框，在其中可以对存储的JPEG格式文件的品质进行设置，如图1-42所示。

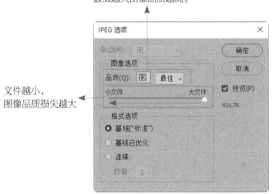

图 1-42

以 TIFF 格式进行存储

TIFF 格式也是一种比较常见的最终应用格式，对同一个文件来说这种格式的文件要比 JPEG 格式文件大，它能够较大程度地保持图像品质不受损失。这种格式常用于对图像文件品质要求较高的情况：如制作了一个平面广告文件，需要将之发送到印刷厂印刷，就需要将之存储为这种格式。选择该格式存储后，在弹出的【TIFF 选项】对话框的【图像压缩】选项中选中【无】单选按钮，然后单击【确定】按钮即可进行无损存储，如图 1-43 所示。

图 1-43

以 PNG 格式进行存储

PNG格式也是一种比较常见的图像存储格式，但不是最终的应用格式。它通常被作为一种背景透明的素材文件来使用，而不会单独使用。例如，在Word、PPT文档中，当需要图片的背景透明的时候，可将该图片在Photoshop中进行去背景处理后保存为PNG格式。

将Logo去背景后分别存储为PNG格式和JPEG格式置入PPT后的效果差异，如图1-44、图1-45所示。

PNG 格式，Logo 很好地融入 PPT 中

图 1-44

JPEG 格式，Logo 上仍有白色背景

图 1-45

1.3.5 关闭文件

关闭当前文件

单击菜单栏【文件】>【关闭】命令或按【Ctrl+W】组合键，可以关闭当前文件。单击标题栏中当前文件标签右侧的按钮，也可以关闭当前文件。

关闭全部文件

如果要关闭在Photoshop中打开的所有文件，单击菜单栏【文件】>【全部关闭】命令，就可以全部关闭。

1.3.6 课堂实训：新建一个 A4 打印文件

用Photoshop制作A4纸大小的打印文件，宽度和高度应设置为多少，如何快速创建文件？

操作思路 打开【新建文档】对话框，找到【打印】选项，从中找到合适的尺寸。

扫码看视频

▌1.4 课后习题

设计一款海产品包装盒，交给印刷厂印刷时发送的文件需要存储为什么格式？

第 **2** 章

图像的基本编辑

本章内容导读

通过第1章的学习，我们已经能够在Photoshop中打开和新建文件。本章将学习一些最基本的知识，如查看图像、修改图像大小、修改画布大小、裁剪画面等。

重要知识点

● 掌握【图像大小】命令的使用方法
● 掌握【画布大小】命令的使用方法
● 熟练掌握裁剪工具的使用方法
● 熟练掌握拉直工具的使用方法
● 掌握【图像旋转】命令的使用方法

学习本章后，读者能做什么

通过本章学习，读者能够将图像调整为所需尺寸，可以根据画面需要对摄影照片进行裁切，还可以快速校正倾斜的照片。

BASIC EDITING OF IMAGES

2.1 查看图像

编辑图像时，经常需要放大、缩小图像或移动画面的显示区域，以便于更好地观察和处理图像。Photoshop提供了用于辅助查看图像的功能和工具，如切换屏幕模式功能、缩放工具、抓手工具等。

2.1.1 切换屏幕模式

在Photoshop中查看图像或进行编辑操作时，如果需要获得更大的操作空间，可以更换屏幕模式，隐藏一些暂时不用的面板或菜单。

用鼠标右击工具栏底端的【更改屏幕模式】按钮，会显示3种屏幕模式，如图2-1所示。

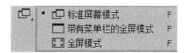

图2-1

【标准屏幕模式】 默认的屏幕模式，显示菜单栏、标题栏、状态栏及当前打开的工具选项栏和面板，如图2-2所示。

【带有菜单栏的全屏模式】 扩大图像显示范围，在工作界面中隐藏标题栏和状态栏，如图2-3所示。

标准屏幕模式

图2-2

带有菜单栏的全屏模式

图2-3

【**全屏模式**】▣ 工作界面中只显示图像，视觉更加清晰，如图2-4所示。

全屏模式

👤 **高手过招**　**切换屏幕模式快捷键**

　　按【F】键可快速循环切换屏幕模式；按【Tab】键可以隐藏/显示工具箱、面板和工具选项栏；按下【Shift+Tab】组合键可以隐藏/显示面板。

图2-4

2.1.2 缩放工具

　　在Photoshop中编辑图像文件的过程中，有时需要观看画面整体，有时需要放大显示画面的局部区域，这时就需要使用工具箱的缩放工具来完成。

　　缩放工具 🔍 既可以放大，也可以缩小图像的显示比例。单击工具箱中的缩放工具，在其工具选项栏中显示该工具的设置选项，如图2-5所示。

🔍 ▾ 🔍 🔍 □ 调整窗口大小以满屏显示 □ 缩放所有窗口 ☑ 细微缩放 | 100% | 适合屏幕 | 填充屏幕

图2-5

　　单击 🔍 按钮，在画面中单击鼠标左键可以放大图像，如图2-6所示；单击 🔍 按钮，在画面中单击鼠标左键可以缩小图像显示，如图2-7所示；单击 适合屏幕 按钮，可以在窗口中最大化显示完整的图像，如图2-8所示。

放大图像显示

图2-6

缩小图像显示

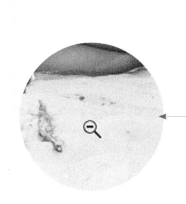

图2-7

在窗口中最大化显示完整图像

单击该按钮
即可在窗口
中最大化显
示完整图像

图2-8

2.1.3 抓手工具

当画面放大到整个屏幕内不能显示完整的图像时，要查看其余部分的图像，就需要使用抓手工具进行平移查看图像。单击工具箱中的抓手工具，在画面中按住鼠标左键拖动，如图2-9所示，即可查看画面的其他区域图像，如图2-10所示。

图2-9　　　　　　　　　　图2-10

💡 提示　**缩放和平移快捷键**

放大、缩小、平移图像可以直接通过快捷键进行操作。要放大图像显示比例，可以按【Ctrl++】组合键；要缩小图像显示比例，可以按【Ctrl+-】组合键；当放大图像后要平移画面，可以直接按住【空格】键，此时在画面中拖动鼠标即可。

2.2　修改图像的尺寸和方向

当图片的大小不足或超出了我们的使用范围，这时就要想办法把这张图片放大或是缩小，调整到我们需要的尺寸。

2.2.1 像素与分辨率

像素是组成位图图像最基本的元素，它是一个细小图像点，也称为像素点。每一个像素点都有两个属性：一是位置信息，二是颜色信息。

分辨率是指单位长度内包含像素点的数量，它的单位通常为像素/英寸（ppi），如72像素/英寸表示每英寸（无论水平还是垂直）包含72个像素点，如图2-11所示。

因此，分辨率决定了位图图像细节的精细程度。分辨率越高，像素点越多（密），颜色越丰富，图像越细腻，能展现更多细节和更细微的颜色过渡效果；反之，分辨率越低，像素点越少（疏），颜色越匮乏，图像越粗糙，缺少细节和颜色过渡效果。

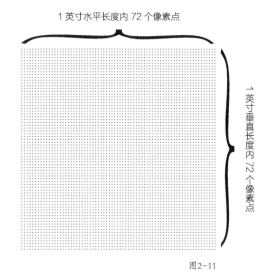

1 英寸水平长度内 72 个像素点

1 英寸垂直长度内 72 个像素点

图2-11

图2-12至图2-14所示为相同打印尺寸但分辨率不同的3个图像，从图中可以看到：低分辨率的图像有些模糊，高分辨率的图像十分清晰。

分辨率为72像素/英寸（模糊）

分辨率为100像素/英寸（稍微模糊）

分辨率为300像素/英寸（清晰）

图2-12　　　　　　　　　　　图2-13　　　　　　　　　　　图2-14

虽然分辨率越高，图像品质越好，但这也会增加其文件中包含的信息（占用的储存空间）。只有根据图像的用途设置合适的分辨率才能取得最佳的使用效果。通常遵循以下规范设置分辨率即可。

如果图像用于屏幕显示或者网络，将分辨率设置为72像素/英寸（ppi）即可，这样可以减小图像文件的大小，提高上传和下载速度;如果图像用于喷墨打印机打印（或办公），将分辨率设置为100~150像素/英寸（ppi）即可;如果图像用于印刷或冲印，则可设置为300像素/英寸（ppi）。

2.2.2 修改图像大小

使用图像大小命令可以调整图像的总像素数、打印尺寸和分辨率，具体操作如下。

01 按【Ctrl+O】组合键打开素材文件，如图2-15所示。

图2-15

02 单击菜单栏【图像】>【图像大小】命令，打开【图像大小】对话框，如图2-16所示。图像打开时，【宽度(D)】和【高度(G)】选项中的值是该图像的以【分辨率(R)】选项中的值为（密度）标准的原始打印宽度和高度，【分辨率(R)】选项中的值是该图像的原始分辨率。该图像的原始总像素点

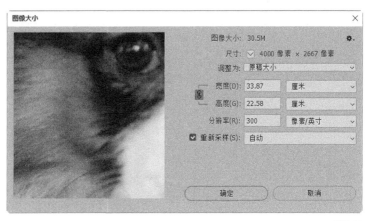

图2-16

数为4000×2667=10 668 000个，【图像大小】为30.5MB，表示该图像10 668 000个像素点所占用的存储空间大小。其中【宽度(D)】和【高度(G)】的常用单位是像素、厘米和英寸，它们可以互相转换。例如宽度33.87厘米转换为英寸是33.87÷2.54≈13.335（英寸）（1英寸约为2.54厘米），转换为像素是33.87÷2.54×300≈4000（像素），它就是【尺寸】中的4000像素，也就是说尺寸中两个值就是【宽度(D)】和【高度(G)】的值，只是它们的单位可以相同，也可以不相同。

03 当选中【重新采样(S)】复选按钮时，修改【宽度(D)】【高度(G)】【分辨率(R)】和【调整为】中的值或选项，都会改变该图像的像素点总数和图像文件的大小，它们是按照【重新采样(S)】下拉列表框中所选择的采样方法来重新计算的，不同的采样方法其计算精度是不同的。例如，减少图像的大小时（10厘米×6.67厘米），就会减少像素数量，图像文件变小，其画质不变，如图2-17所示；而增加图像的大小时，会增加一些新的像素点（总像素点增加），图像文件变大，由于新增加的像素点是按照采样方法模拟补充的，所以其画质会下降，如图2-18所示。

图2-17

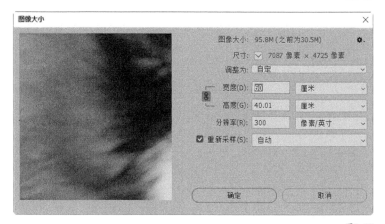

图2-18

04 当取消选中【重新采样(S)】复选按钮时，修改【宽度(D)】【高度(G)】和【分辨率(R)】中的值，不会改变该图像的像素点总数和图像文件的大小，只是改变了【宽度(D)】【高度(G)】和【分辨率(R)】中的值之间的对应关系。例如，在图2-19中，将【宽度(D)】选项中的值修改为10（高度自动按比例调整），图像的总像素点数保持不变，仍然为4000×2667=10668000个像素点，【图像大小】也保持不变，仍然为30.5MB，只是【分辨率(R)】中的值变为1016，即在总像素点数不变的情况下，减少图像的宽度或高度，必然增加图像

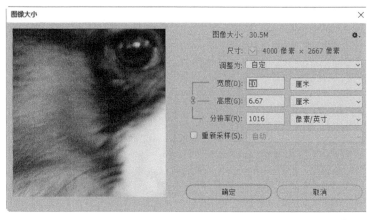

图2-19

的分辨率（密度）；反之，增加图像的宽度或高度，必然减少图像的分辨率（密度），如图2-20所示。同样道理，改变【分辨率(R)】中的值必然会导致【宽度(D)】和【高度(G)】中的值的改变。

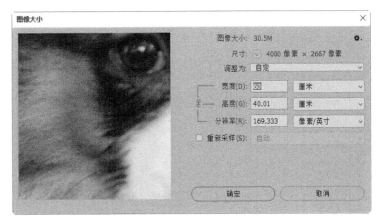

图2-20

2.2.3 课堂实训：将图像调整为所需尺寸

设计一个室内海报，尺寸为136厘米×60厘米(分辨率为72像素/英寸)。如果用同一个画面输出户外喷绘广告，尺寸最大可做到多少？

原图

扫码看视频

操作思路 因为是扩展画面尺寸,这就需要不改变像素的点数,因此要取消选中【重新采样】,将【分辨率】设置为25像素/英寸,尺寸单位为【厘米】,此时画面的【宽度】和【高度】数值将自动显示。

2.2.4 修改画布大小

画布大小是指整个画面的物理尺寸，如图2-21所示。单击菜单栏【图像】>【画布大小】命令，可以在打开的【画布大小】对话框中修改画布尺寸，如图2-22所示。

图2-21

图2-22

【当前大小】 显示图像宽度和高度的实际尺寸， 以及文件的实际大小。

【**新建大小**】 可以在【宽度】和【高度】框中输入画布的尺寸。当输入的数值大于原来尺寸时会增加画布，如图2-23所示；反之则减小画布（减小画布会裁剪图像），如图2-24所示。输入尺寸后，该选项右侧会显示修改画布后的文件大小。

增加画布大小

减小画布大小

图2-23

图2-24

【**相对**】 选中该选项后，输入【宽度】和【高度】的数值将代表实际增加或减少区域的大小，而不是整个画布的尺寸。例如，设置【宽度】为10厘米，单击【确定】按钮后，此时画布就在宽度方向上增加了10厘米。

【**定位**】 该选项用来设置当前图像在新画布上的位置。如果要扩展画布左边的大小，在定位选项的向右方向箭头处单击，如图2-25所示；如果要扩展画布四周大小，在定位选项的中心点处单击，如图2-26所示。

扩展画布左边大小

扩展画布四周大小

图2-25

图2-26

【**画布扩展颜色**】 用来设置超出原始画布区域的颜色，在该选项下拉列表中可以选择使用【前景色】【背景色】【白色】【黑色】或【灰色】作为扩展后画布的颜色。如果要选用其他颜色可以单击选项后面的【其他】，则会弹出【拾色器】对话框，然后设置相应的颜色即可，如图2-27所示。

图2-27

2.2.5 裁剪工具

当画面中存在碍眼的杂物、画面倾斜、主体不够突出等情况时，就需要对画面进行裁剪。使用工具箱中的裁剪工具 ⛏，可以快速剪掉画面中多余的图像。

01 打开一张需要裁剪的花卉照片，单击工具箱中的裁剪工具，在图像窗口中可以看到照片上自动添加了一个裁剪框，如图2-28所示。图2-29所示为该工具的选项栏。

图2-28

图2-29

比例 用于设置裁剪的约束比例，通过该选项中可以4种方式进行裁剪操作。

①在该选项的下拉列表框中可以选择预设的比例或尺寸进行裁剪，如图2-30所示。原始比例：选中该项后，裁剪框始终会保持图像原始的长宽比例。预设的长宽比/预设的裁剪尺寸：【1:1（方形）】【5:7】等选项是预设的长宽比；【4×5英寸300ppi】【1024×768像素 92ppi】等选项是预设的裁剪尺寸。

图2-30

②如果想按照特定比例裁剪，可以在该下拉列表框中选择【比例】选项，然后在右侧文本框中输入比例数值，如图2-31所示。

图2-31

③如果想按照特定的尺寸进行裁剪，可以在该下拉列表框中选择【宽×高×分辨率】选项，然后在右侧文本框中输入宽、高和分辨率的数值，如图2-32所示。

图2-32

④如果想要进行自由裁剪，可以在该下拉列表框中选择【比例】选项，然后单击 清除 按钮将约束比例数值清空，如图2-33所示。

图2-33

02 将鼠标指针移动到裁剪框四边的节点处，鼠标指针呈↔或↕形状，此时拖动鼠标，即可调裁剪框的宽度或高度；将鼠标指针移动到裁剪框四角处，鼠标指针呈 形状，此时按住【Shift】键同时拖动鼠标，即可等比例调整裁剪框，如图2-34所示。

调整裁剪框宽度

调整裁剪框高度

同时调整裁剪框的宽度和高度

图2-34

03 完成裁剪框调整后，单击工具选项栏中的【提交当前裁剪操作】按钮☑或按【Enter】键确认裁剪，即可将裁剪框之外的图像裁掉，在图像窗口中可以查看裁剪后的效果。图2-35按【原始比例】裁剪画面，调整后主体更为突出。

【原始比例】裁剪画面

裁剪后画面效果

图2-35

使用裁剪工具，还可以进行旋转裁剪，具体操作如下。

01 打开一张画面倾斜的照片，单击裁剪工具，如图2-36所示。

图2-36

02 将鼠标指针移动至裁剪框的外侧，当它变为带双向箭头的弧线时，拖动鼠标即可旋转画布，如图2-37所示。

图2-37

03 调整四周边界框到合适位置后，按【Enter】键确认裁剪，如图2-38、图2-39所示。

图2-38

图2-39

如果在工具选项栏中选中【内容识别】按钮，则会自动补全由于裁剪造成的画面局部空缺，如图2-40所示。

图2-40

💡 **提示**　在图像中创建裁剪框后，如果要将裁剪框移动到画面中的其他位置，可以将鼠标指针移动至裁剪框内，当鼠标指针变为实心的黑色箭头形状 ▶ 时，拖动鼠标即可移动图像调整裁剪区域。

💡 **提示**　在默认情况下，Photoshop会将裁掉的图像保留在文件中（使用移动工具拖动图像，可以将隐藏的图像内容显示出来）。如果要彻底删除被裁剪的图像，可选中裁剪工具选项栏中的【删除裁剪的像素】选项。

2.2.6 课堂实训：制作2寸电子证件照

报名参加考试，需要2寸（35毫米×45毫米，JPG格式，20KB以下）正面电子证件照。手头只有一张半身正面照，如何把它制作成2寸电子证件照呢？

扫码看视频

操作思路　分两步制作：①使用裁剪工具按特定尺寸进行裁切；②以【存储为Web所用格式】的方式存储照片，将照片限制在20KB以内。

原图

2寸证件照

2.2.7 校正地平线

在处理一些水平线或垂直线倾斜的照片时，为了让照片的水平线恢复水平状态，可以使用【拉直】█选项。【拉直】选项在裁剪工具的工具选项栏中。

01 打开一张水平线倾斜的风景照片，如图2-41所示，首先找到画面上可以作为参考的地平线、水平面或建筑物等，整个画面将以它为校正线。

02 在工具箱中选择裁剪工具，在其工具选项栏中单击【拉直】按钮，拖动鼠标在画面中拉出一条直线来校正地平线，这里以水平面为参考标准，如图2-42所示。

图2-41

图2-42

03 释放鼠标后，倾斜即刻被校正，并且随之出现一个裁剪框，裁剪框外像素是因校正产生的多余像素，此时可以通过调整裁剪框大小或位置使照片的效果更加完美，也可以按【Enter】键直接确认校正，如图2-43所示。图2-44所示为使用【拉直】选项校正后的图像。

图2-43

图2-44

2.2.8 旋转画布

选择菜单栏【图像】>【图像旋转】子菜单中的命令可以旋转或翻转整个图像，如图2-45所示。图2-46所示为原图像，图2-47所示为执行【水平翻转画布】后的图像。

图2-45

图2-46

图2-47

2.3 课后习题

1. 这是一幅室内人像照片，取景倾斜得很厉害，如何对照片进行一定角度的裁剪使其美观？

原图

裁剪效果

2. 去旅游拍了一些照片，修图后，要冲洗一套 10 寸的照片，如何修改尺寸？

第 **3** 章

图层的基本应用

本章内容导读

图层是Photoshop的核心功能之一，Photoshop中几乎所有的操作都是在图层上进行的，所以在学习其他操作之前，必须要理解图层的原理，并能熟练掌握图层的基本操作。

重要知识点

● 充分理解图层的概念
● 认识图层面板和图层的类型
● 熟练掌握图层的选择、新建、复制、合并、删除、移动等操作
● 熟练掌握自由变换操作

学习本章后，读者能做什么

通过本章学习，读者将了解图层的基本应用，为后面的学习奠定基础，能够完成各种图像的移动、对齐和分布操作，还可以对图像进行变换、变形操作，并可以完成简单的图像合成。

BASIC APPLICATIONS OF LAYERS

3.1 图层的基础知识

图层是Photoshop最为核心的功能之一。图层包含文字、图形和图片等，Photoshop 的许多功能都是在图层上操作的，如图层样式、混合模式、蒙版和滤镜等。下面来认识一下图层的原理和它的具体使用方法。

3.1.1 图层原理

图层是图像的分层。它们一张张按顺序叠放在一起，组合起来形成最终图像。它可以理解为一张张带有图像的透明的玻璃纸，而每张透明玻璃纸上都有不同的画面，透过上面的玻璃纸可以看见下面玻璃纸上的内容。图层存放在【图层】面板中，每一个图层代表了一张单独的画布，在上面做的任意更改都不会破坏到下面的图层，但上面一层的图像会遮挡住下面的图像。图像合成效果如图3-1所示，图层原理如图3-2所示，【图层】面板状态如图3-3所示。在【图层】面板中，"文字"置于最顶层，"花"置于第2层，"润肤露"置于第3层，背景位于最底层，在所有图层叠加起来图层效果中，"文字"处于画面的最上方，背景处于画面的最下方。

图像合成效果

图3-1

图层原理

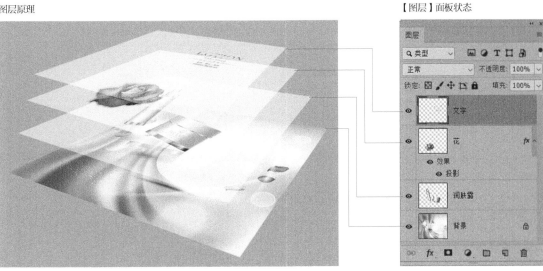

图3-2

【图层】面板状态

图3-3

3.1.2 图层面板

【图层】面板用于创建、编辑和管理图层。【图层】面板中，包含了文档中所有的图层、图层组和效果。默认状态下，【图层】面板处于开启状态，如果工作界面中没有显示该面板，选择【窗口】>【图层】命令，即可打开【图层】面板，如图3-4所示。

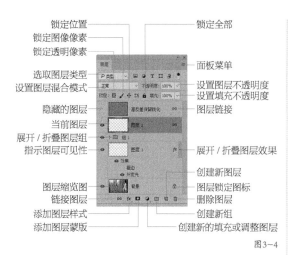

锁定位置
锁定图像像素
锁定透明像素
锁定全部
选取图层类型
设置图层混合模式
面板菜单
设置图层不透明度
设置填充不透明度
隐藏的图层
当前图层
图层链接
展开/折叠图层组
指示图层可见性
展开/折叠图层效果
创建新图层
图层缩览图
图层锁定图标
链接图层
删除图层
添加图层样式
创建新组
添加图层蒙版
创建新的填充或调整图层

图3-4

【创建新图层】按钮 单击该按钮，可以创建一个新图层。

【创建新组】按钮 单击该按钮，可以创建一个图层组。一个图层组可以容纳多个图层，可使用户方便地管理【图层】面板。

【删除图层】按钮 选中图层或图层组后，单击该按钮可以将其删除。

图层缩览图 缩略显示图层中包含的图像内容。其中棋盘格区域表示图像的透明区域，而非棋盘格区域表示具有图像的区域。

【指示图层可见性】按钮 图层缩览图前有该图标的图层为可见图层，单击它即可隐藏图层，注意隐藏的图层不能被编辑。

【链接图层】按钮 当图层名称后出现链接图层图标时，表示当前选中的两个或多个图层之间相互链接，在对其中一个链接图层进行旋转、移动等操作时，其他被链接的图层也会随之发生变化。选中已链接的图层后，再单击 按钮，可以将所选中的图层取消链接。

【展开/折叠图层组】按钮 单击该按钮，可以展开或折叠图层组。

【展开/折叠图层效果】按钮 单击该按钮，可以展开图层效果列表，显示当前图层添加的所有效果的名称，再次单击可以折叠图层效果列表。

设置图层混合模式 用来设置当前图层与其下方图层的混合方式，使之产生不同的图像效果。图层混合模式的具体使用方法将在第8章进行讲解。

设置图层不透明度 可以设置当前图层的不透明度。输入参数或者拖动滑块，使之呈现不同程度的透明状态，从而显示下面图层中的图像内容。图层不透明度的使用方法将在第8章进行讲解。

设置填充不透明度 通过输入参数或者拖动滑块，可以设置当前图层的填充不透明度。它与图层不透明度类似，但不会影响图层效果。填充不透明度的使用方法将在第8章进行讲解。

【添加图层样式】按钮 单击该按钮，在弹出的下拉列表中选择需要的图层样式，可以为当前图层添加图层样式。图层样式的使用方法将在第8章进行讲解。

【添加图层蒙版】按钮 单击该按钮，可以为当前图层添加图层蒙版。蒙版用于遮盖图像内容，从而控制图层中的显示内容，但不会将图像破坏。关于蒙版的具体使用方法见第11章。

【创建新的填充或调整图层】按钮 单击该按钮，在弹出的下拉列表中，可以创建填充图层或调整图层。填充或调整图层的使用方法将在第8章进行讲解。

【锁定】按钮组 在该选项组中，包含了【锁定透明像素】按钮、【锁定图像像素】按钮、【锁定位置】按钮和【锁定全部】按钮等，单击相应的按钮，可以对当前的图层的相应参数进行锁定，使其不可编辑。

面板菜单 单击该按钮，可以打开【图层】面板的面板菜单，用户也可以通过菜单中的命令对图层进行编辑，如图3-5所示。

图3-5

3.1.3 图层类型

在Photoshop中可以创建多种不同类型的图层，而这些不同类型的图层有不同的功能和用途，在【图层】面板中的显示状态也各不相同，如图3-6所示。

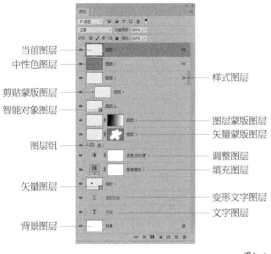

图3-6

当前图层 指当前正在编辑的图层。只能有一个当前图层，在【图层】面板中单击需要编辑的图层标签，即可使该图层变为当前图层。

中性色图层 指填充了中性色并预设了混合模式的特殊图层，可用于承载滤镜功能，也可用于绘画。该图层经常用于摄影后期处理。

剪贴蒙版图层 这是蒙版的一种，可以通过一个图像的形状控制其他多个图层中图像的显示范围，具体使用方法见第11章。

智能对象图层 指含有智能对象的图层。

图层蒙版图层 可以通过遮盖图像内容来控制图层中图像的显示范围。蒙版的使用方法，详见第11章。

图层组 用来组织和管理图层，使用户便于查找和编辑图层。

矢量图层 包含矢量形状的图层，具体使用方法见第6章。

背景图层 在新建文档或打开图像文件时自动创建的图层。它位于图层列表的最下方，且不能被编辑。双击背景图层，在弹出的对话框中单击【确定】按钮，即可将背景图层改成普通图层。

样式图层 包含图层样式的图层，图层样式可以创建特效，如投影、发光、斜面和浮雕效果等，具体使用方法见第8章。

矢量蒙版图层 这是不会因放大或缩小操作而影响清晰度的蒙版图层，具体使用方法见第6章。

调整图层 用户自主创建的图层。可用于调整图像的亮度、色彩等，不会改变原始像素值，并且可以重复编辑，具体使用方法见第9章。

填充图层 用于填充纯色、渐变和图案的特殊图层，具体使用方法见第9章。

变形文字图层 进行变形处理后的文字图层，具体使用方法见第7章。

文字图层 用文字工具输入文字时自动创建的图层，具体使用方法见第7章。

3.2 图层的基本操作

图层的基本操作主要包括创建图层、选择图层、重命名图层、删除图层、复制图层、显示图层与隐藏图层等。

3.2.1 创建图层

单击【图层】面板中的【创建新图层】按钮，即可在当前图层的上方创建一个新图层，如图3-7所示；如果要在当前图层的下方创建一个新图层，可以按住【Ctrl】键单击【创建新图层】按钮，如图3-8所示。

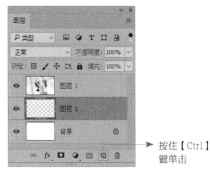

图3-7   图3-8

3.2.2 选择图层

选择一个图层 单击【图层】面板中的某个图层，即可选中该图层，该图层即为当前图层，如图3-9所示。

选择多个图层 如果需要选择多个相邻的图层，可以单击某个图层，然后按住【Shift】键单击所要选择的排在最后的一个图层，如图3-10所示；如果需要选择多个不相邻的图层，可以按住【Ctrl】键逐一单击这些图层，如图3-11所示。

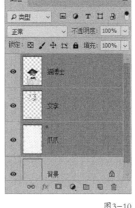

图3-9   图3-10   图3-11

选择所有图层 单击菜单栏【选择】>【所有图层】命令，即可选中【图层】面板中除背景层之外的所有的图层，如图3-12所示。

取消选择图层 若不想选择任何图层，可以在【图层】面板中底部的空白处单击，如图3-13所示；或者单击菜单栏【选择】>【取消选择图层】命令，如图3-14所示。

图3-12   图3-13   图3-14

3.2.3 重命名图层

在图层较多的文档中，可为一些重要图层设置易于识别的名称，以便于在众多图层中快速找到它们。

选中一个图层，单击菜单栏【图层】>【重命名图层】命令，或双击该图层的标签，在显示的文本框中输入名称，如图3-15所示。

图3-15

3.2.4 删除图层

在使用Photoshop编辑、修改或合成图片文件时，若有不需要的图层，就需要删除。将不需要的图层拖动到【图层】面板中的【删除图层】按钮 🗑 上，或选中图层后单击【删除图层】按钮，即可删除该图层，如图3-16、图3-17所示。

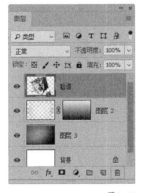

图3-16

图3-17

3.2.5 复制图层

使用 Photoshop 处理图像时，经常会用到"复制图层"功能，比如摄影后期处理。为保证原始图层中的图像不受破坏，通常需要在所复制的副本图层上进行修改等操作。

在【图层】面板中选中需要复制的图层，拖动到【图层】面板下方的【创建新图层】按钮上，即可在当前图层的上方得到一个副本图层。经过上述操作得到"背景 拷贝"图层，如图3-18、图3-19所示。此外，选中图层后按【Ctrl+J】组合键可以快速复制图层。

图3-18

图3-19

3.2.6 显示图层与隐藏图层

图层缩览图前面的【指示图层可见性】按钮 👁，用于控制图层的可见性。用户可通过该按钮上的图标判断图层为可见图层或隐藏图层。有该图标的图层为可见图层，如图3-20所示；无该图标的图层是隐藏图层，如图3-21所示。单击 👁 方块区域可以使图层在显示或隐藏状态之间切换。

图3-20

图3-21

3.2.7 更改图层的堆叠顺序

在【图层】面板中，位于上方的图层通常会覆盖它下方的图层，而改变图层的顺序会影响图像的显示效果。在排版设计时经常需要调整图层堆叠的顺序。打开香水广告文件，从画面中可以看到"香水瓶"挡住了"水花"，这时就可以在【图层】面板中选中"香水"图层，按住鼠标左键将其拖动到"水花"图层组的下方（关于图层组的应用详见3.3节），松开鼠标后，即可完成图层顺序的调整。此时画面呈现出了"香水瓶"掷入水中溅起水花的效果，其操作过程如图3-22、图3-23所示。

图3-22

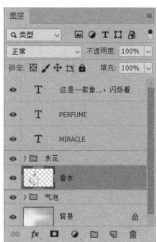

图3-23

提示 调整图层顺序的快捷键操作方法：选中一个图层以后，按【Ctrl+]】组合键，可以将当前图层向上移一层；
按【Ctrl+[】组合键，可以将当前图层向下移一层。

3.2.8 在不同文档之间移动图层

使用移动工具，将图层复制到另一个文档中，可在不同文档之间移动图层。下面通过为一个美肤产品
广告添加产品图片的实例，介绍该功能的具体使用方法。

01 先打开需要添加的"美肤产品"素材文件，如图3-24所示；再打开美肤产品广告设计文档，如图
3-25所示。选中"美肤产品"所在的图层，使用移动工具将该图层拖动到美肤产品广告设计文档中。

图3-24

图3-25

02 松开鼠标即可将该图层复制到美肤产
品广告设计文档中，如图3-26所示。

提示 使用移动工具在不同文档间移动图
层时，可以选中多个图层，将它们同时移动
到另一个文档中。

图3-26

3.2.9 移动图层

在排版设计时将素材文件添加到当前文档后，通常需要对图像的位置进行调整。要调整图层中图像的
位置，可以使用工具箱中的移动工具。下面将"美肤产品"移动到合适的位置。

01 在【图层】
面板中选中需
要移动的图层
（"背景"图层
无法移动），并
单击工具箱中的
移动工具，如图
3-27所示。

图3-27

02 在画面中按住鼠标左键拖动，将"美
肤产品"调整到合适的位置，如图3-28
所示。

💡提示　在使用移动工具进行图层移动的过
程中，按住【Shift】键可以使其沿水平或垂
直方向移动。

图3-28

💡提示　**如何快速选中画面中图像所在的图层**

　　在移动工具的工具选项栏中选中【自动选择】选项，如果文档中包含多个图层或
图层组，那么可以在它后面的下拉列表框中选择要移动的对象。如果选择【图层】选
项，使用移动工具在画面中单击，可自动选中鼠标单击处图像所在的最顶层的图层；
如果选择【组】选项，使用移动工具在画面中单击，可自动选择鼠标单击处图像的最
顶层的图层所在的图层组，如图3-29所示。

图3-29

3.2.10 移动并复制图层

　　在同一文档中需要使用多个相同的图像时，可以使用移动工具移动并复制图像。例如在为3.2.9节实例
中的"美肤产品"制作倒影效果时就需要复制出一个相同的图像。

01 打开本例素材文件，如图3-30所示，选中"美肤产品"所在的图层，使用移动工具在画面中按住
鼠标左键的同时，按住【Alt】键拖动该图层，即可复制出一个相同的图层，如图3-31所示。

图3-30

图3-31

02 制作倒影后的效果如图3-32所示（倒影效果的制作思路见第8章）。

图3-32

3.2.11 变换图层内容

在排版设计中经常需要调整图层中图像的大小、角度，有时也需要对图像的形态进行扭曲、变形等操作，这些都可以通过【变换】命令来实现。在【编辑】>【变换】下拉菜单中包含各种变换命令，如缩放、旋转、斜切、扭曲、透视和变形等，如图3-33所示。在实际工作中，变换命令使用得非常广泛，下面结合实际工作介绍几种常用的变换命令。

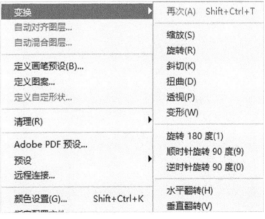

图3-33

缩放

【缩放】命令用于调整图像的大小。在文档中添加素材后，通常需要将添加的素材放大或缩小，让它的大小适用于文档。下面通过为一个童装店铺海报添加合适的素材图片为例，介绍【缩放】命令的使用方法。

01 打开童装店铺海报，添加素材文件"童装"，从画面中可以看到"童装"大到已经超出画面，如图3-34所示。下面使用【缩放】命令等比例缩小图像。

图3-34

02 选中"童装"所在的图层，单击菜单栏【编辑】>【变换】>【缩放】命令（或按【Ctrl+T】组合键），图像四周出现了定界框，定界框的4个顶点处以及4条边的中间都有控制点，如图3-35所示。

03 按住鼠标左键并拖动定界框，可以等比例缩放图像。完成缩放后，按【Enter】键确认。如果要取消正在进行的变换操作，可以按【Esc】键。"童装"缩小后的效果，如图3-36所示。

图3-35

图3-36

💡 **提示** 使用【缩放】命令时按住【Shift】键可同时拖曳定界框在上、下、左、右方向上的任一控制点，能纵向或横向地放大或缩小图像（即用于拉高或拉宽图像）。

旋转

用户使用【旋转】命令可以让图像以不同角度进行旋转。下面以一个创意合成海报文字的旋转操作为例，介绍【旋转】命令的使用方法。

01 打开一个汽车创意海报，从画面中可看出文字太方正，显得有点呆板，如图3-37所示，下面使用【旋转】命令让文字与"大鲸鱼"的倾斜方向一致。

02 选中"玩心不泯，陪你玩转世界！！"文字图层，然后单击菜单栏【编辑】>【变换】>【旋转】命令，此时文字四周出现定界框，将鼠标指针移至任意一个顶点控制点上，当鼠标指针变为弧形的双箭头 ↻ 后，按住鼠标左键拖动控制点，可以使它变化后的效果如图3-38所示。旋转至合适角度后，按【Enter】键确认旋转结果，如图3-39所示。

图3-37

图3-38

图3-39

扭曲

　　【扭曲】命令可以将图像处理成具有透视效果的图片（如果要处理成正视图效果可以使用【透视】命令），常用于立体效果的制作，例如包装盒、立体书籍等。下面我们以呈现大闸蟹礼盒立体效果为例，介绍【扭曲】命令的使用方法。

01 打开素材文件夹中的"礼盒模型"文档，如图3-40所示。该包装立体效果图主要体现在正面、侧面和顶面，下面使用【扭曲】命令快速完成透视贴图。

图3-40

02 打开素材文件夹中的"礼盒正面"并将它添加到"礼盒模型"文档中，先使用【缩放】命令将其缩放至适当大小，如图3-41所示。单击菜单栏【编辑】>【变换】>【扭曲】命令，图像四周出现了定界框，按住鼠标左键向上拖动左上方控制点和左下方控制点（左下方控制点的拖动幅度大一点），让横向画面倾斜，并贴合立体模型，使其形成一定的透视效果，如图3-42所示。

图3-41

图3-42

03 按相同方法对侧面和顶面贴图，然后适当提亮顶面（图像的颜色调整方法见第9章），让侧面和顶面的颜色分出层次，从而呈现出立体效果，如图3-43所示。

图3-43

3.2.12 课堂实训：手机UI界面效果图制作

设计一款购物App的手机界面图，若要将其展示给客户，则需要制作相应的手机UI界面效果图，如何制作呢？

扫码看视频

原图　　　　　　　效果图

操作思路 分两步制作：①将设计好的手机界面图移动到手机模型文档中；②使用【变换】命令将手机界面图调整到适合手机屏幕的尺寸。

3.2.13 图层对齐与分布

在排版设计中，有一些元素是需要对齐的，比如海报版面中的一些图片，网页、手机界面的按钮或图标等。如果使用手动对齐的方式很难做到精准，这时就可以使用对齐与分布功能进对其行调整。

选中相关元素后，单击工具箱中的移动工具，在其工具选项栏中显示了全部的对齐与分布方式。单击其中的按钮即可对图像进行相应的对齐或分布操作，如图3-44所示。

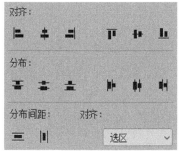

图3-44

对齐图层

移动工具的工具选项栏中包含了多种对齐按钮，从左到右依次是【左对齐】【水平居中对齐】【右对齐】【顶对齐】【垂直居中对齐】【底对齐】，选中需要对齐的图像所在的图层后，单击相应的对齐按钮即可进行对齐操作。下面通过一个实例，讲解【顶对齐】【底对齐】【水平居中对齐】【垂直居中对齐】的使用方法。

01 打开洗衣液海报，从画面中可以看到椭圆图标和它上方的文字没有对齐，影响版面美观，如图3-45所示下面对画面中的椭圆和文字进行对齐操作。

图3-45

02 选中3个椭圆以及它们上方的文字，如图3-46所示，在移动工具的工具选项栏中单击【顶对齐】按钮，此时所有选定图层会以顶端为基准对齐，如图3-47所示。

图3-46

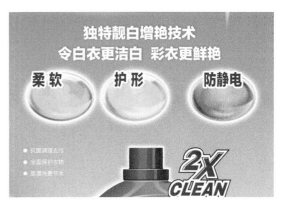

图3-47

03 选中蓝色椭圆与"柔软"文字所在的图层，如图3-48所示，在移动工具的工具选项栏中分别单击【水平居中对齐】按钮和【垂直居中对齐】按钮，此时文字会位于蓝色椭圆中心，如图3-49所示。

图3-48

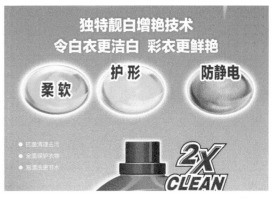

图3-49

04 选中"柔软""护形""防静电"文字图层，如图3-50所示，在移动工具的工具选项栏中单击【底对齐】按钮，此时所有选定图层会以底端为基准对齐，如图3-51所示。

图3-50

图3-51

分布图层

对齐图像后，怎样让每个图像之间的距离相等呢？此时我们可以通过对图层进行分布操作来实现。移动工具的工具选项栏中包含多种分布按钮，从左到右依次是【按顶分布】【垂直居中分布】【按底分布】【按左分布】【水平居中分布】【按右分布】。选中需要分布的图层，单击相应对齐按钮即可进行相应分布操作。下面在上述"对齐图层"的基础上，通过分布椭圆图层，让椭圆间距相等的实例，讲解【水平居中分布】按钮的应用方法。

05 选中3个椭圆所在的图层，如图3-52所示，在移动工具的工具选项栏中单击【水平居中分布】按钮，所选图层会从每个图层的水平中心开始，间隔均匀地分布，如图3-53所示。

图3-52

图3-53

06 将绿色椭圆与"护形"文字进行【垂直居中对齐】，将黄色椭圆与"防静电"文字进行【垂直居中对齐】，完成椭圆与文字的对齐与分布操作，如图3-54所示。

图3-54

分布间距

在排版设计时，经常需要把几个大小不同的文字或图标设定为以均匀的间距进行排列，怎么快速简单地实现呢？在移动工具的工具选项栏中包含两种图层分布间距按钮，分别是【垂直分布】按钮和【水平分布】按钮。下面通过手机UI界面设计中让版面中的图标间距相等的操作，来讲解【水平分布】间距的使用方法。

01 打开手机UI界面设计图，可以看到界面下方图标间距不相等，下面使用【水平分布间距】操作，让图标间距相等，如图3-55所示。

02 选中界面下方图标所在的图层，在移动工具的工具选项栏中单击【水平分布】按钮，此时图标会在水平方向间隔均匀地进行分布，如图3-56所示。

图3-55

图3-56

3.2.14 课堂案例：将杂乱照片排列整齐

画面整齐统一会给人以直观干净的美感，下面将影楼模板设计案例中排放杂乱的照片，通过【对齐】与【分布】功能使其排列整齐。

操作思路 将画面中的照片排列整齐分两步：①选中画面中需要对齐的照片进行对齐操作；②选中画面中需要调整间距的照片，让照片等距分布。

扫码看视频

01 打开故事性主题相册文档，对文档中的照片进行对齐和分布操作。单击工具箱中的移动工具，在其工具选项栏中选中【自动选择】选项并选中【图层】命令。将鼠标指针移动至画面合适位置，按住鼠标左键拖出虚线框，选中顶端的4张照片和"色块2"图层。松开鼠标，在【图层】面板中可以看到被选中的图层，如图3-57所示。

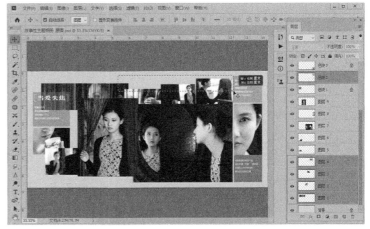

图3-57

02 单击工具选项栏中【顶对齐】按钮，将选中的图层顶对齐，如图3-58所示。

图3-58

03 按相同方法选中下端的3张照片和"色块3"图层，并单击【底对齐】按钮将其对齐，如图3-59所示。

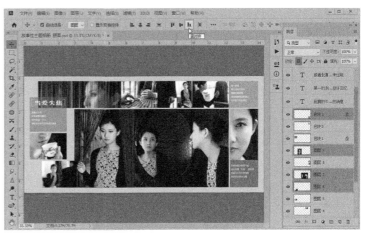

图3-59

04 选中左端的3张照片和"色块1"图层,并单击【左对齐】按钮 将其对齐,如图3-60所示。

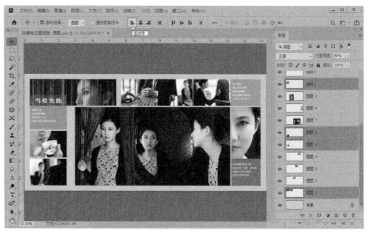

图3-60

05 对齐图像后,下面对画面中间距不等的图像进行等距分布操作。选中顶端的4张照片和"色块2"图层并对其间距进行【水平分布】 操作,效果如图3-61所示。

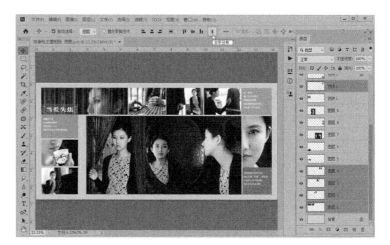

图3-61

06 选中底端的3张照片和"色块3"图层并对其间距进行【水平分布】 操作,效果如图3-62所示。至此,完成照片的分布操作。

图3-62

3.2.15 课堂实训：对齐相册模板中的照片

设计一款影楼模板，要在该版面中放置多个图像，如何快速让画面中的图像排列得整齐统一呢？

扫码看视频

操作思路 分3步制作：①选中右端的3张照片，先进行【右对齐】操作，再进行【垂直分布】操作；②选中底端的3张照片，先进行【底对齐】操作，再进行【水平分布】操作；③选中水平方向中间的两张照片进行【顶对齐】操作，选中垂直方向中间的两张照片进行【右对齐】操作。

原图

效果图

3.3 用图层组管理图层

在 Photoshop 中设计或编辑图像时，有时候用的图层数量会很多，尤其在网页设计中，超过100个图层也是常见的。这就会导致【图层】面板被拉得很长，使查找图层很不方便。

使用图层组管理图层，可以将图层按照不同的类别放在不同的组中，折叠图层组后，"图层组"标签只占用一个图层标签的位置；另外，对图层组可以像对普通图层一样进行移动、复制、链接、重命名等操作。

3.3.1 创建图层组

在【图层】面板中创建图层组 单击【图层】面板中的【创建新组】按钮 ，可以创建一个空白组，如图3-63所示。创建新组后，可以在组中创建图层。选中图层组后单击【图层】面板中的【创建新图层】按钮 ，新建的图层即可位于该组中，如图3-64所示。

图3-63

图3-64

相关链接 默认情况下，图层组的混合模式是【穿透】，表示图层组不产生混合效果。如果选择其他混合模式，则组中的图层将以该选中的混合模式与下面的图层混合。关于图层混合模式的应用见第8章。

3.3.2 将现有图层进行编组

如果要将多个图层进行编组，可以选中这些图层，如图3-65所示，然后单击菜单栏【图层】>【图层编组】命令或按【Ctrl+G】组合键即可对其进行编组，如图3-66所示。单击"图层组"的【展开/折叠图层组】按钮，可以展开或折叠图层组，如图3-67所示。

图3-65

图3-66

图3-67

3.3.3 将图层移入或移出图层组

将"图层"标签拖入"图层组"内，即可将图层添加到该图层组中，如图3-68所示；将图层组中的图层拖到组外，即可将其从该图层组中移出，如图3-69所示。

图层移入图层组

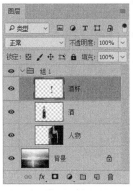
图3-68

图层移出层组

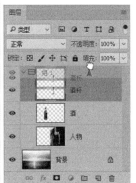

图3-69

3.3.4 删除图层组

选中要删除的图层组，单击【删除图层】按钮，此时会弹出一个警告对话框，如图3-70所示。单击【仅组】按钮，可以取消图层编组，但保留图层；单击【组和内容】按钮，可以删除图层组和组中的图层。

图3-70

3.4 合并与盖印图层

在 Photoshop 中可以进行合并图层和盖印图层操作，合并图层可以减少图层的数量，盖印图层可以增加图层的数量。

3.4.1 合并图层

图层、图层组和图层样式等都会占用计算机的内存和临时存储空间，数量越多，占用的资源也就越大，导致计算机运行速度降低，这时可以将相同属性的图层合并。

合并图层 在【图层】面板中选中需要合并的图层，如图3-71所示，单击菜单栏【图层】>【合并图层】命令或按【Ctrl+E】组合键即可合并图层，合并后的图层使用的是最上面图层的名称，如图3-72所示。

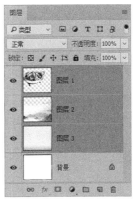

图3-71　　　　　　　　　图3-72

拼合图像 如果要将所有图层都合并到"背景"图层，则单击【图层】>【拼合图像】命令。如果有隐藏的图层，则会弹出一个提示对话框，询问是否去除隐藏的图层，如图3-73所示。单击【确定】按钮，即可拼合可见图层，如图3-74所示。

图3-73　　　　　　　　　图3-74

3.4.2 盖印图层

盖印图层可以将多个图层中的图像内容合并到一个新图层中，而原有图层内容保持不变。这样做的好处就是，如果用户觉得处理的效果不太满意，就可以删除盖印的图层，但之前完成处理的图层依然还在，这在一定程度上可节省图像处理时间。盖印图层常用在绘画或摄影后期处理中。

盖印多个图层 选中多个图层，如图3-75所示。按【Ctrl+Alt+E】组合键后，可以将所选图层盖印到一个新的图层中，原有图层内容保持不变，如图3-76所示。

盖印可见图层 可见图层如图3-77所示，按【Ctrl+Shift+Alt+E】组合键，可将所有可见图层中的图像盖印到一个新图层中，原有图层保持不变，如图3-78所示。

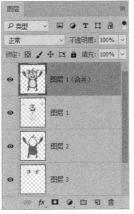

图3-75　　　　　图3-76　　　　　图3-77　　　　　图3-78

3.5 课后习题

1. 要做一个儿童相册插页，如何使用素材文件制作有简单合成效果的图像？

素材文件

合成效果

操作思路 分两步制作：①使用移动工具将两个素材文件图层拖动到儿童相册文档中；②移动图像并调整到合适位置，完成图像的简单合成。

2. 设计一款封面图，思考如何制作成立体书籍效果。

封面   书脊

立体书模型

立体书效果

操作思路 分两步制作：①使用移动工具将书脊图和封面图移动到立体书模板文档中；②执行【变换】命令对书脊和封面进行【缩放】和【扭曲】操作，使其适合立体书籍模型的大小，完成立体书制作。

第**4**章

选区的应用

本章内容导读

本章主要讲解Photoshop选区的概念、创建选区的方法、编辑选区的技巧以及常用的抠图方法。

重要知识点

● 熟悉选区的概念和用途
● 掌握使用基本选区工具创建选区的方法
● 熟练掌握常用抠图工具的抠图方法
● 熟练掌握选区的基本编辑操作，比如反选、移动、变换、缩放和羽化等操作

学习本章后，读者能做什么

通过本章学习，读者可以完成做海报、包装、宣传单页和网店主图等设计时所需进行的各种选区、抠图和更换背景等操作。

APPLICATION OF CONSTITUENCIES

4.1 认识选区

在Photoshop 中，选区就是使用选择工具或命令创建的用于限定操作范围的区域。如图4-1所示，该图中的背景区域就是当前选区。

图4-1

选区主要有以下两种用途

一、图像的局部处理

在使用Photoshop处理图像时，为了达到最佳的处理效果，经常需要把图像分成多个不同的区域，以便对这些区域分别进行细节编辑处理。选区的功能就是把这些需要处理的区域选出来。创建选区以后，可以只编辑选区内的图像内容，选区外的图像内容则不受编辑操作的影响。如果想要修改图4-1的背景颜色，可先通过创建选区将画面中的背景选中，再进行色彩调整，这样操作就只会更改背景颜色，而不会影响人物，效果如图4-2所示；如果没有创建选区，在进行色彩调整时，则整张照片的颜色都会被调整，效果如图4-3所示。

图4-2

图4-3

二、分离图像（抠图）

将图片的某一部分从原始图片中分离出来成为单独的图层，这个操作过程被称为抠图。抠图的主要目的是为图片的后期合成做准备。打开一张图片，将食物和纸张选中，如图4-4所示，再使其从背景中脱离（抠）出来，如图4-5所示，最后将其合成到广告中，如图4-6所示。

图4-4　　　　　　　　　　　　　　　图4-5　　　　　　　　　　　　　　　图4-6

4.2 基本选区工具

　　Photoshop 提供了多种用于创建选区的工具和命令，它们都有各自的特点。可以根据图像内容和处理要求，选择不同的工具或命令创建选区。下面讲解用于创建选区的工具和命令有哪些，以及在什么情况下使用它们。

　　常用的基本选区工具包含矩形选框工具、椭圆选框工具和套索工具。

4.2.1 矩形选框工具

　　使用矩形选框工具▣可以绘制长方形、正方形选区。矩形选框工具在平面设计中的应用非常广泛，例如设计海报时，通常会在文字的下方绘制一个色块，这样既可以突出文字，又能丰富画面。那么如何绘制色块呢？下面就以某化妆品广告设计为例，介绍矩形选框工具的使用方法。

01 打开素材文件，选中工具箱中的矩形选框工具▣按钮，在图像上单击，并向右下角拖动鼠标创建选区，如图4-7所示。

图4-7

02 新建一个图层，将选区填充为粉色，色值为"R242 G190 B199"（粉色可体现女性的柔美，该颜色是取自"润肤霜"包装瓶上的颜色，可使版面显得更加协调。关于颜色填充的方法详见第5章），如图4-8所示。

图4-8

03 在色块上方创建文本图层输入文字，并添加装饰框，效果如图4-9所示。

图4-9

4.2.2 椭圆选框工具

椭圆选框工具 ⬭ 主要用于创建椭圆或正圆选区。圆形给人以随和、温暖的感觉，它轮廓圆润且具有很强的形式感，几乎能和任何元素融合，同时圆形又具有很多寓意，如团圆、融合、圆满等，因此它被广泛应用于平面设计中。要绘制圆形或圆框，需要先使用椭圆选框工具创建选区。椭圆选框工具的使用方法与矩形选框工具一样，只是绘制的形状不同而已，这里就不赘述。如图4-10所示，该广告中的圆形元素就是使用椭圆选框工具创建的。

图4-10

💡 提示　使用矩形或椭圆选框工具时，按住【Shift】键拖动鼠标可以创建正方形或正圆形选区；按住【Alt】键拖动鼠标，会以单击点为中心向外创建选区；按住【Alt+Shift】组合键拖动鼠标，会以单击点为中心向外创建正方形或正圆形选区。

4.2.3 套索工具

套索工具 ⬭. 可以用于自由绘制不规则选区，如果对选区的形状和准确度要求不高，可以使用套索工具来创建选区，该工具经常被用于调整图像的局部颜色。打开图4-11所示的照片，从画面中可以看到人物的面部太暗，使用套索工具 ⬭. 将其面部区域创建为选区，然后对选区中的内容进行单独调整。对人物肤色进行调整时，通常需要对选区进行羽化处理（关于羽化的具体操作方法见4.4.5节），以便使调整区域与周边图像的颜色能自然融合。因此对于选区的创建并不要求过于精准，使用套索工具选取即可。为人物的面部创建选区的过程如下：选择套索工具 ⬭.，在人物面部的边缘处单击，沿面部轮廓拖动鼠标绘制选区，绘至起点处松开鼠标左键，即可创建人物面部封闭选区，如图4-11、图4-12所示。

图4-11　　　　　　　　　　　　　　　　　　图4-12

4.3 常用抠图工具

Photoshop 提供了多种用于抠图的工具和命令，如魔棒工具、快速选择工具及【选择并遮住】命令等。

4.3.1 魔棒工具

魔棒工具  是根据图像的颜色差异来创建选区的工具。对于一些分界线比较明显的图像，通常可使用魔棒工具进行快速抠图。例如商家在网上销售"手提包"制作相关图片时，往往需要将原背景抠掉，重新搭配背景与文字，如图4-13所示。下面就以"手提包"图片为例，讲解使用魔棒工具抠图的方法。

图4-13

01 打开"手提包"图片，单击工具箱中的魔棒工具，在魔棒工具的工具选项栏中将【容差】设置为20，如图4-14所示，在背景上单击即可选中背景，如图4-15所示。

图4-14

图4-15

02 按住【Shift】键在未选中的背景处单击，可将其他背景内容添加到选区中，如图4-16所示。将背景选区创建好后，删除选区内容，再将删除背景后的"手提包"添加到新的网店宣传海报中，即可实现背景的更换。

图4-16

下面分别介绍魔棒工具的工具选项栏中的各个按钮的功能和使用方法。

【选区运算】按钮 选区运算，是指在已有选区的情况下，进行添加新选区或从选区中减去选区等操作。在使用选框类工具、套索类工具和魔棒工具时，在其工具选项栏中有4个按钮，用于帮助用户完成选区的运算，如图4-17所示。

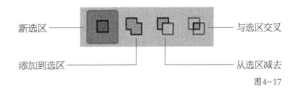

图4-17

为了更直观地看到选区的运算效果，下面以椭圆选框工具○.绘制的选区为例，讲解选区的运算方法，具体操作如下。

【新选区】按钮▣　单击该按钮后，如果图像中没有选区，单击图像可以创建一个新选区；如果图像中已有选区存在，再单击图像，则新选区会替代原有选区。图4-18所示为创建的圆形选区。

【从选区减去】按钮▣　单击该按钮后，单击图像可从原有选区中减去新建的选区。图4-20所示，将右边橙子选中则原有选区减去新创建的选区。

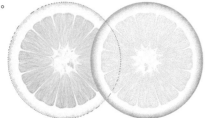

图4-18

图4-20

【添加到选区】按钮▣　单击该按钮后，再单击图像可在原有选区的基础上添加新的选区。图4-19所示，将右边橙子选中，则新选区添加到原有选区中。

【与选区交叉】按钮▣　单击该按钮后，单击图像，画面中只保留原有选区与新创建的选区相交的部分。如图4-21所示，将右边橙子选中，图像中只保留原选区和新选区相交的部分。

图4-19

图4-21

💡提示　**选区的运算快捷键**

选区的运算也可以使用快捷键进行操作。按住【Shift】键的同时，单击或拖动鼠标可以在已有选区中添加选区；按住【Alt】键的同时，单击或拖动鼠标可在已有选区中减去选区；按住【Shift+Alt】组合键的同时，单击或拖动鼠标可以得到与原有选区相交的选区。

【容差】　该选项用于控制选区的颜色范围，数值越小，选区内与单击点相似的颜色越少，选区的范围就越小；数值越大，选区内与单击点相似的颜色越多，选区的范围就越大。在图像的同一位置处单击，设置不同的【容差】值，所选的区域也不一样，将【容差】值分别设置为10和32的选区范围如图4-22所示。本例中【容差】值设置为20。

【容差】值为 10

【容差】值为 32

图4-22

【连续】 选中该选项，则只选择与鼠标单击点颜色相接的区域，如图4-23所示；取消勾选中该选项，则选择与鼠标单击点颜色相近的所有区域，如图4-24所示。

图4-23

图4-24

【消除锯齿】 选中该选项，可以让选区边缘更加光滑。

【选择主体】按钮 选择主体 单击该按钮，软件会根据所使用的选区工具自动识别要选择的主体并将它创建选区，如图4-25所示。另外，在快速选择工具和【选择并遮住】命令中也包含该功能。使用这些工具或命令前，可以先按 选择主体 按钮，自动识别出主体，然后在此基础上再对选区范围进行精细调整，从而节省抠图时间。

图4-25

💡提示 创建选区后，如果要删除选区中的内容，单击菜单栏【编辑】>【清除】命令或按【Delete】键，即可将其删除（具体操作方法见4.4.7节）；如果要复制选区中的图像，按【Ctrl+J】组合键，即可将选区中的内容复制到一个新图层中。

4.3.2 快速选择工具

快速选择工具和魔棒工具一样，是根据图像的颜色差异来创建选区的工具。它们区别是：魔棒工具是通过调节容差值来调节选择区域，而快速选择工具是通过调节画笔大小来控制选择区域的大小，形象一点说就是使用快速选择工具可以"画"出选区。

快速选择工具适合在边界较清晰或主体和背景反差较大、但主体又较为复杂时使用。下面我们以在一张照片中选中人物创建选区为例，介绍快速选择工具的具体使用方法。

01 打开人像照片，如图4-26所示。

02 单击工具箱中的快速选择工具，将鼠标指针放在人物处，按住鼠标左键沿人物边缘处拖动涂抹，涂抹的地方就会被选中，并且会自动识别与涂抹区域的颜色相近的区域再不断向外扩张，自动沿图像的边缘创建选区，效果如图4-27所示。

图4-26

图4-27

下面分别介绍图4-28所示的快速选择工具的工具选项栏中的各个按钮的功能。

图4-28

【选区运算】按钮 单击【新选区】按钮，可以创建新的选区；单击【添加到选区】按钮，可在原选区的基础上添加新选区；单击【从选区减去】按钮，可在原选区的基础上减去选区。

【画笔选项】按钮 单击该按钮，可以在打开的面板中设置笔尖的【大小】【硬度】和【间距】等。

【自动增强】 选中该选项，可以使选区边缘更加平滑。

💡提示 使用快速选择工具时，按【[】和【]】键可以快速控制笔尖大小。

4.3.3 【选择并遮住】命令

【选择并遮住】命令常用于选区的编辑和抠图，该功能能够快速完成需要抠毛发之类的抠图工作。例如在设计图4-29所示的文化海报时，画面中的狼群就是通过多张单只狼的照片抠图合成的。下面以其中一张狼图片的抠图操作为例，介绍【选择并遮住】命令的使用方法。

图4-29

01 打开文件名为"狼"的素材文件，如图4-30所示。

图4-30

02 单击菜单栏【选择】>【选择并遮住】命令，即可打开【选择并遮住】工作界面，如图4-31所示。在该工作界面中，左侧是工具栏，上方是工具选项栏，右侧是属性设置区域，中间是预览和操作区。工具栏上的工具由上到下依次是：快速选择工具 、调整边缘画笔工具 、画笔工具 、套索工具 、抓手工具 和缩放工具 。

图4-31

03 单击该工作界面中的快速选择工具 ，在其工具选项栏中单击 选择主体 按钮，此时软件会自动识别出"狼"。但是自动识别的边缘并不完全准确，例如"狼"背上毛发与背景差异较小，部分背景被识别成了"狼"的毛发。下面使用快速选择工具手动调整主体边缘，使抠图准确，如图4-32所示。

图4-32

04 使用快速选择工具。单击
【添加到选区】按钮⊕，可在
原选区的基础上添加绘制的选
区；单击【从选区减去】按钮
⊖，可在原选区的基础上减去
绘制的选区。绘制效果，如图
4-33所示。

图4-33

05 在【全局调整】组中
进行微调。设置【羽化】
值为3像素使选区边缘过
渡柔和；设置【移动边
缘】值为+20%，适当扩
大选取的区域。设置完成
后，在【输出到】下拉列
表中选中【新建图层】选
项，单击【确定】按钮
进行输出，如图4-34所
示，即可将选中的图像
创建到新建图层中。隐藏
背景图层可以查看抠图效
果，如图4-35所示。

图4-34

图4-35

🔗 **相关链接** 关于【羽化】的相关应用见4.4.5节。

【选择并遮住】中的选项

　　【视图模式】 用于设置抠图时预览区的不同表现形式，本例预览方式为使用【洋葱皮】。

　　【透明度】 在透明度数值增加时，抠图区域显示半透明状，图像保留区域显示不透明状态，这
样，通过虚实对比更有利于用户查看抠图效果。设置不同的【透明度】值，抠图效果不同。【透明度】
分别为50%和100%的抠图效果，如图4-36所示。

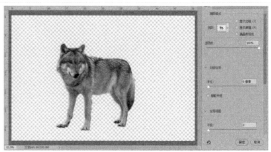

图4-36

【平滑】 通过设置该选项可以减少选区边界中的不规则区域，使选区轮廓更加平滑。

【羽化】 能够让选区边缘产生逐渐透明的效果，数值越大选的羽化边缘越大。本例【羽化】值设置为3像素。

【对比度】 该选项与【羽化】作用相反，对于添加了羽化效果的选区，增加对比度可以减少或消除羽化。

【移动边缘】 拖动滑块可以改变选区范围。当数值为正数时，可以扩展选区范围，当数值为负数时，可以收缩选区范围。本例【移动边缘】设置为+20%。

输出设置 该选项组用于消除杂色和设定选区的输出方式，如图4-37所示。

【净化颜色】 选中该选项后，拖动【数量】滑块可以去除图像的彩色杂边，数值越高，清除范围越广。

【输出到】 在该选项的下拉列表框中，可以选择选区的输出方式。选中【选区】，抠图完成后，单击【确定】按钮，即在该图层所抠取的图象上创建选区；选中【新建图层】，抠图完成后，单击【确定】按钮，即直接以创建新图层的形式显示抠取的图像；选中【新建带有图层蒙版的图层】，抠图完成后，单击【确定】按钮，即把抠取的图像新建一个图层并且带有图层蒙版。图层蒙版的好处是，用户可以通过它对图像进行二次编辑。

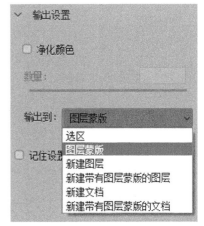

图4-37

4.4 编辑选区

在图像中创建选区后，可以对选区进行反选、移动、变换、缩放、羽化等操作，使选区更符合要求。

4.4.1 全选与反选

【全选】命令

想要选中一个图层中的全部对象时，可以使用【全选】命令。该命令常用于对图像的边缘进行描边。 打印白底图像时，打印前需要对图像四周进行描边，以便显示出图像的边界。例如设计完一批工作证想要打印并裁剪出来时，就需要对图像四周进行描边，具体操作如下。

01 打开一个工作证，如图4-38所示。

02 单击菜单栏【选择】>【全部】命令或按下【Ctrl+A】组合键，可以选中文档内的全部图像，如图4-39所示。

图4-38

图4-39

03 单击菜单栏【编辑】>【描边】命令，弹出【描边】对话框。在该对话框中设置【宽度】为1像素、

【颜色】为"C0
M0 Y0 K50"（颜
色不宜太深，打印
后能看清分界即
可）、【位置】为
居中，设置完成后
单击【确定】按钮
完成描边操作，如
图4-40、图4-41
所示。

图4-40　　　　　　　　　　图4-41

【反选】命令

如果想要创建出与当前选择内容相反的选区，就要使用【反选】命令。下面以榨汁机广告图的有关操作为例介绍【反选】命令的使用方法。

01 打开"榨汁机"产品图，在拍摄商品图片时，背景往往比较简单，图片显得单调，如图4-42所示。做平面广告时为了表现出"榨汁机"的特色，常需要为其添加新鲜水果、果汁和令人感到清新的背景，从而点缀画面，增加画面的活力。这时就需要抠出"榨汁机"产品图。

图4-42

02 从画面中可以看到该产品图背景简单，主体突出，比较容易抠取，使用魔棒工具选中画面背景，如图4-43所示。

03 单击菜单栏【选择】>【反选】命令或按【Ctrl+Shift+I】组合键，反选选区从而选中"榨汁机"，如图4-44所示。从前面的学习中我们知道可以通过删除背景抠出主体，将主体添加到广告设计文档中。学

习【反选】命令后，我们可以
反向选择主体，然后使用移动
工具将鼠标指针放到选区内，
当鼠标指针变为状后，按住
鼠标左键拖动主体，将其移动
到广告设计文档中。将"榨汁
机"添加到广告设计文档中，
效果如图4-45所示。

图4-43　　　　　　　　　　图4-44

图4-45

4.4.2 取消选区与重新选择

选区通常针对图像局部进行操作，如果不需要对局部进行操作了，就可以取消选区。单击菜单栏【选择】>【取消选择】命令或按【Ctrl+D】组合键，可以取消选区。

如果不小心取消了选区，可以将选区恢复回来。要恢复被取消的选区，可以单击菜单栏【选择】>【重新选择】命令。

4.4.3 移动选区

在图像中创建选区后，可以对选区进行移动，选中需要的区域。移动选区不能使用移动工具，而要使用选区工具，否则移动的是图像，而不是选区。

图4-46

01 打开"手提包"广告设计文件，使用矩形选框工具将左边的"手提包"创建选区，如图4-46所示。如果要使用该选区选择右边的"手提包"，就需要对选区进行移动。

图4-47

02 将鼠标指针移到选区内，当鼠标指针变为 ▷◁ 状后，按住鼠标左键拖动，如图4-47所示。拖动到合适位置后松开鼠标，完成选区移动操作，如图4-48所示。

图4-48

4.4.4　扩展与收缩选区

使用扩展或收缩选区命令，可以由选区中心向外或向内进行放大或缩小选区操作。

【扩展】命令

使用【扩展】命令将选区向外延展，从而得到较大的选区，扩展选区常用于制作不规则图形的底色。下面我们以一个嘻哈说唱比赛广告文字中的不规则底色的制作为例，介绍【扩展】命令的使用方法。

01 为文字添加不规则底色，用于凸显文字。打开素材文件夹中的"嘻哈说唱比赛"文件，选择"嘻哈文化说唱比赛"图层，并将该图层载入选区（关于载入选区的具体方法见4.4.6节），如图4-49所示。

图4-49

02 单击菜单栏【选择】>【修改】>【扩展】命令，打开【扩展选区】对话框，输入【扩展量】为70像素（数值越大选区范围越大），如图4-50所示，单击【确定】按钮完成设置，扩展选区范围效果如图4-51所示。

图4-50

图4-51

03 新建一个图层，重命名为"扩展黑底"，设置【前景色】为黑色（色值为"R0 G0 B0"），按【Alt+Delete】组合键为选区填充黑色，按【Ctrl+D】组合键取消选区。将该图层移到"嘻哈文化 说唱比赛"图层的下方。文字扩充黑底后与背景画面分离开，效果如图4-52所示。

04 按相同的方法，将"扩展黑底"图层载入选区，设置【扩展量】为80像素，新建一个图层，重命名为"扩展白底"，将选区填充白色。将该图层移到"扩展黑底"图层的下方。文字扩充白底后文字组合更突出，如图4-53所示。

图4-52

图4-53

05 选择"扩展黑底"图层，在英文之间的空隙处创建选区并填充黑色，以便更清晰地阅读。选择"扩展白底"图层将文字之间的空隙创建选区并填充白色（色值为"R255 G255 B255"），使文字组合更统一，效果如图4-54所示。

图4-54

【收缩】命令

使用【收缩】命令可以将选区向内收缩，使选区范围变小，它与【扩展】命令正好相反。将图像创建选区后，单击菜单栏【选择】>【修改】>【收缩】命令，在弹出的【收缩选区】对话框中设置【收缩量】值为20像素（数值越大选区范围越小），如图4-55所示，设置完成后单击【确定】按钮。选区收缩的前后效果，如图4-56所示。

图4-55

图4-56

4.4.5 羽化选区

【羽化】命令可以将边缘较"硬"的选区变为边缘比较"柔和"的选区。在合成图像时，适当羽化选区，能够使选区边缘产生逐渐透明的效果，使选区内外衔接的部分虚化，起到渐变的作用从而达到自然衔接的效果。在画面中创建椭圆选区，如图4-57所示，单击菜单栏【选择】>【修改】>【羽化】命令或按【Shift+F6】组合键打开【羽化】对话框，在该对话框中通过【羽化半径】可以控制羽化范围的大小，羽化半径越大，选区边缘越柔和，本例将【羽化半径】设置为100像素，如图4-58所示。羽化选区操作完成后删除选区外的图像效果，如图4-59所示。

图4-57

图4-58

图4-59

💡 提示　羽化半径的数值越大羽化的范围就越大。当选区较小，而羽化半径设置得较大时，就会弹出一个【羽化警告】，如图4-60所示。发生这种情况，是因为选区的像素值的50%小于羽化值。解决的办法是调低羽化值或者扩大选区的范围。

图4-60

【羽化】命令常用于对图像进行局部色彩处理。打开如图4-61所示人物照片，从画面中看人物面部色彩有点暗，需要对面部进行单独处理，使用套索工具先将面部创建选区（使用套索工具创建选区的方法见4.2.3节），如图4-61所示。然后对选区进行羽化，单击菜单栏【选择】>【修改】>【羽化】命令，打开【羽化】对话框，设置羽化值。本例【羽化半径】值为30像素，如图4-62所示。

在人物面部创建选区

选区羽化半径为 30 像素

图4-61

图4-62

　　羽化后，对选区内的图像进行提亮调整，按【Ctrl+D】组合键去掉选区后，可以看到所调整区域与背景过渡较平滑、自然，效果如图4-63所示。如果没有对选区进行羽化设置，进行提亮调整后，可以看到所调整区域边缘与背景过渡较生硬，如图4-64所示。

对羽化过选区内的图像调亮

对未羽化过选区内的图像调亮

图4-63

图4-64

4.4.6 载入当前图层的选区

　　在做平面设计工作的过程中经常需要得到某个图层的选区，当所选择的图像在单一的一个图层上时，就可以载入选区，在【图层】面板中按住【Ctrl】键的同时单击该图层缩略图，即可载入图层选区，如图4-65、图4-66所示。

图4-65

图4-66

4.4.7 清除图像

在对图像进行编辑时，如果想要将图像中的部分区域删除，可以使用【清除】命令。例如4.3.1节中将"手提包"背景创建选区后，如果想要将"手提包"抠出就需要删掉背景，具体操作如下。

01 要删掉图像中的部分区域，先将需要删除的部分创建选区，将"手提包"背景创建选区，如图4-67所示。

02 由于【清除】命令不能在"背景"图层上操作，如果要清除图像的图层是"背景"图层，首先要将其转换为普通图层，才能进行清除操作。在【图层】面板中双击"背景"图层弹出【新建图层】对话框，在【名称】选项中可以输入新图层名称，本例图层名称为"手提包"，单击【确定】按钮将背景图层转换为普通图层，如图4-68所示。

图4-67

图4-68

03 单击菜单栏【编辑】>【清除】命令或按【Delete】键，可以将当前所在图层选区中的图像清除，如图4-69所示。

图4-69

4.4.8 课堂案例：宠物店铺海报制作

设计一个宠物店铺海报，客户提供店铺Logo、宠物素材以及地址、电话、广告宣传语等，要求设计得"软萌"一些。本例根据设计要求以及Logo主题色，决定使用粉嫩色作为背景颜色，如何让宠物素材与背景图自然融合，是本例要学习的重点。

原图

扫码看视频

效果图

操作思路　分 5 步制作：①创建文档并填充背景色；②使用【选择并遮盖】命令将宠物的背景抠掉并置入新文档；③处理宠物投影，使其与背景自然融合；④通过画笔工具在画面上涂抹浅色使宠物与背景融合得更自然；⑤在海报中添加 Logo、地址、电话、广告宣传语等信息完成海报制作。

01 单击菜单栏【文件】>【新建】命令，在弹出的【新建文档】对话框中，设置【宽度】为60厘米，【高度】为90厘米，背景为白色，如图4-70所示。设置【前景色】为粉色，色值为"C10　M58　Y22　K0"（用粉色做背景可使宠物显得呆萌、可爱），使用【Alt+Delete】组合键填充"背景"图层，如图4-71所示。

02 打开素材文件中的"宠物"图片，如图4-72所示。

图4-70

图4-71

图4-72

03 单击菜单栏【选择】>【选择并遮住】命令，打开【选择并遮住】对话框，单击对话框中的快速选择工具 ，在其工具选项栏单击 选择主体 ，此时软件自动识别"宠物"。自动识别边缘并不完全准确，应使用快速选择工具手动调整主体边缘，使抠图更准确，如图4-73所示。

图4-73

04 将【透明度】设置为100%，这样可以更清晰地查看抠图边缘效果。在【全局调整】组中进行微调，设置【平滑】值为10，使选区轮廓平滑；【羽化】值为3像素，使选区边缘过渡柔和；【移动边缘】值为+10%，适当扩大选取区域，如图4-74所示。

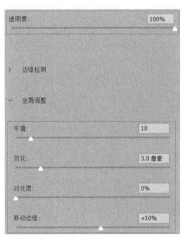

图4-74

05 在【输出到】下拉列表中选中【新建图层】选项，如图4-75所示；输出后效果如图4-76所示。

输出到： 新建图层

☐ 记住设置

图4-75

图4-76

06 使用移动工具将抠出的图像移动到宠物店海报文档中，按【Ctrl+T】组合键变换图像大小，调整到合适尺寸。如图4-77、图4-78所示。按【Enter】键确认操作。

图4-77

图4-78

07 使用矩形选框工具选中宠物下方的投影，按【Ctrl+T】组合键创建变换框，按住【Shift】键向下拖动，将投影拉到画面底部，如图4-79、图4-80所示。按【Enter】键确认操作。

图4-79

图4-80

08 使用矩形选框工具选中宠物下方的投影，按【Shift+F6】组合键，弹出【羽化选区】对话框，在其中设置【羽化半径】值为50像素。羽化后按【Delete】键删除选区中的图像，使其与背景自然融合，如图4-81、图4-82所示。

图4-81

图4-82

09 新建一个图层，重命名为"画笔涂抹"，使用画笔工具在宠物的边缘处涂抹一层淡淡的粉色（关于画笔工具的具体应用见第5章），使宠物与背景色自然融合，如图4-83所示。添加海报中的重要信息，如店铺Logo、地址和电话等信息，再输入具有吸引力的广告语以及装饰边框，使海报的内容更充实。完成的最终效果，如图4-84所示。

图4-83

图4-84

4.4.9 课堂实训：大闸蟹手提袋设计

设计一款大闸蟹手提袋正面和侧面展开图，宽度 32 厘米、高度 23 厘米、厚度 8.5 厘米，要求把客户提供的大闸蟹素材照片放到礼盒上作为产品主图。如果直接在礼盒上使用照片会显得单调，如何将素材中的背景抠掉并添加到新背景中呢？

操作思路 分 4 步制作：①根据设计要求创建新文档；②使用魔棒工具将大闸蟹的背景抠掉并将抠出的图置入新文档；③根据产品图填充与之相和谐的背景色；④在海报中添加 Logo、条形码和生产许可证等信息完成制作。

扫码看视频

原图

效果图

4.5 课后习题

1. 抠图是在 photoshop 中被使用得最多的技巧之一，因此很有必要学习并熟练掌握各类不同的抠图方法。素材文件中提供多种素材，读者在课后可以通过使用各种抠图工具进行反复练习。

2. 选区运算包含【新选区】【添加到选区】【从选区减去】和【与选区交叉】4 个，通过对选区运算的灵活运用可以绘制各种形状。课后，读者可以巧用选区运算绘制一张太极图。

第 **5** 章

绘画工具的应用

本章内容导读

本章主要讲解绘画工具（画笔、铅笔、橡皮擦、油漆桶等工具）的使用方法，以及使用这些工具完成颜色的设置与填充，和基本的图案绘制。

重要知识点

- 掌握颜色的设置与填充方法
- 熟练掌握画笔、铅笔与橡皮擦工具的使用方法
- 熟练掌握【画笔设置】面板的应用

学习本章后，读者能做什么

通过本章学习，读者能够完成广告设计中各种图像的颜色填充操作，制作简单的表格，绘制一些对称图案，并可以尝试绘制一些简单的画作。

APPLICATION OF PAINTING TOOLS

5.1 设置颜色

学会如何设置颜色，是我们使用绘画工具进行创作工作之前的首要任务。Photoshop提供了强大的色彩设置功能，本节介绍如何设置颜色。

5.1.1 前景色与背景色

前景色通常被用于绘制图像、填充某个区域以及描边选区等；而背景色常用于填充图像中被删除的区域（例如使用橡皮擦工具擦除背景图层时，被擦除的区域会呈现背景色）和用于生成渐变填充。

前景色和背景色的按钮位于工具箱底部，默认情况下，前景色为黑色，背景色为白色，如图5-1所示。

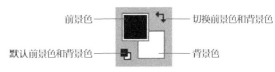

图5-1

修改了前景色和背景色以后，如图5-2所示。单击【默认前景色和背景色】按钮 ，或者按键盘上的【D】键，即可将前景色和背景色恢复为默认设置，如图5-3所示；单击 按钮可以切换前景色和背景色的颜色，如图5-4所示。

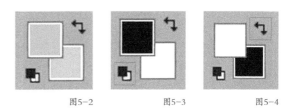

图5-2　　　　图5-3　　　　图5-4

5.1.2 使用拾色器设置颜色

【拾色器】是Photoshop中最常用的颜色设置工具，很多颜色在设置时（如文字颜色、矢量图形颜色等）都需要用到它。例如，设置前景色和背景色，可单击前景色或背景色的小色块，弹出【拾色器】对话框，可以在其中设置颜色，如图5-5所示。

色域/拾取颜色 在色域中的任意位置单击即可设置当前拾取的颜色。

颜色滑块 拖动颜色滑块可以调整颜色范围。

新的/当前 【新的】颜色块中显示的是当前设置的颜色，【当前】颜色块中显示的是上一次使用的颜色。

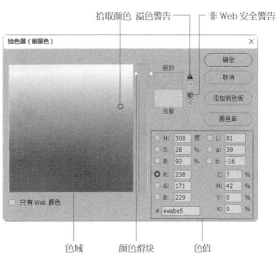

图5-5

色值 显示当前所设置颜色的色值，也可在文本框中输入数值直接定义颜色。在【拾色器】对话框中可以选择基于【RGB】【CMYK】【HSB】和【Lab】等颜色模式来指定颜色。在【RGB颜色】模式内，可以指定红（R）、绿（G）、蓝（B）在0到255之间的分量值（全为0是黑色，全为255是白色）；在【CMYK颜色】模式内，可以用青色（C）、洋红色（M）、黄色（Y）、和黑色（K）的百分比来指定每个分量值；在【HSB颜色】模式内，可以用百分比来指定饱和度（S）和亮度（B），以0度到360度（对应色相轮上的位置）的角度指定色相（H）；在【Lab颜色】模式内，可以输入0到100的亮度值（L），以及设置从−128~+127之间的a值（绿色到洋红色）和b值（蓝色到黄色）。在"#"后的文本框中可以输入一个十六进制值来指定颜色，该选项一般用于设置网页色彩。

溢色警告 由于【RGB】【HSB】和【Lab】颜色模式中的一些颜色在【CMYK颜色】模式中没有与之同等的颜色，因此无法将这些颜色准确打印出来，这些颜色就是常说的"溢色"。出现该警告后，可以单击警告标识下面的小方块即可，将颜色替换为CMYK色域（印刷使用的颜色模式）中与其最为接近的颜色。

非Web安全色警告 表示当前设置的颜色不能在网上准确显示，单击警告标识下面的小方块，可以将颜色替换为与其最为接近的Web安全颜色。

只有Web颜色 选中该选项后，色域中只显示Web安全颜色。

以前景色设置为例，单击工具箱中的前景色小色块，打开【拾色器】对话框，单击渐变条上的颜色或拖动颜色滑块可以定义颜色范围，如图5-6所示。在色域中单击需要的颜色即可设置当前颜色，如图5-7所示。如果想要精确设置颜色，可以在色值区域的文本框中输入数值。设置完成后，单击【确定】按钮，即可将当前设置的颜色设置为前景色。

图5-6

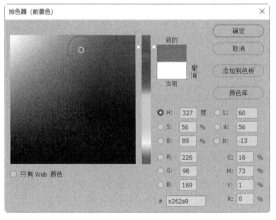

图5-7

5.1.3 使用色板面板设置颜色

【色板】面板中包含一些软件预设的颜色，单击相应的颜色，即可将其设置为前景色。

单击菜单栏【窗口】>【色板】命令，打开【色板】面板，如图5-8所示。

将鼠标指针移动到【色板】面板的色块中，此时鼠标指针将会变成吸管形状，如图5-9所示。

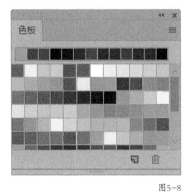

图5-8

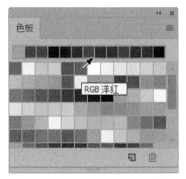

图5-9

选择一个颜色并单击相应色块，即可将它设置为前景色，如图5-10所示；如果按住【Ctrl】键单击相应色块，则可以将相应颜色设置为背景色。

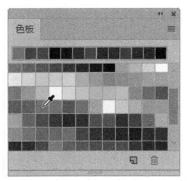

保存当前前景色到色板中

单击【色板】面板中的 按钮，可以将当前设置的前景色保存到色板中；如果要删除色板中的颜色，则选中要删除的颜色拖动到 按钮上即可。

图5-10

5.1.4 使用吸管工具选取颜色

使用吸管工具 可以吸取图像中的颜色，作为前景色或背景色。吸管工具常用于排版设计，那么具体如何使用该工具呢？

01 打开网店春装海报的设计文件，如图5-11所示。为了更好地配合画面所反映的主题，在画面的右侧添加一段赞美春天的文字，字体颜色选用海报的左侧背景色，用该颜色可以使版面显得更加协调。

图5-11

02 单击工具箱中的吸管工具 ，将鼠标指针移至画面左侧的背景处单击，此时所选取的颜色将被作为前景色，如图5-12所示。

图5-12

03 吸取颜色后，在画面右侧中输入文字（文字输入的具体操作见第7章），效果如图5-13所示。

图5-13

使用吸管工具直接在画面上单击，吸取颜色后更换的是前景色的颜色，如何使用吸管工具更换背景色？按住【Alt】键，然后在图像中单击，此时选取的颜色将被作为背景色，如图5-14所示。

图5-14

吸管工具的工具选项栏，如图5-15所示。

图5-15

样本 选中【当前图层】表示只在当前图层上取样；选中【所有图层】表示在所有图层上取样。

显示取样环 选中该选项，拾取颜色时会显示取样环；未选中该选项，则不显示。本例操作选中了【显示取样环】。

5.2 填充与描边

填充是指在图像或选区内填充颜色，描边则是指为选区描绘可见边缘。填充与描边是平面设计中常用的功能。

5.2.1 使用前景色与背景色填充

使用前景色或背景色填充在Photoshop绘图中极为常见。选中一个图层或绘制一个选区，设置合适的前景色和背景色，按【Alt+Delete】组合键使用前景色进行填充，按【Ctrl+Delete】组合键使用背景色填充。

01 打开"美味茶点"广告设计文件，可以看到画面背景比较单调，如图5-16所示。下面在画面中绘制色块，充实一下背景效果。

图5-16

02 使用多边形套索工具 ，在画面中绘制选区，多边形套索工具用于绘制边缘为直线的选区。使用该工具在画面中的一个边角上单击，然后沿着它边缘的转折处继续单击鼠标，定义选区范围，将鼠标指针移至起点处（鼠标指针变成状 ），单击即可封闭选区，如图5-17、图5-18所示。

图5-17

图5-18

03 创建选区后，新建一个图层并重命名为"绿色块"，设置前景色的色值为"R116 G229 B216"，按【Alt+Delete】组合键使用前景色进行填充，去掉选区后效果如图5-19所示。

图5-19

04 使用多边形套索工具，在画面的右下角绘制选区，如图5-20所示。

图5-20

05 新建一个图层并重命名为"黄色块"，设置背景色的色值为"R252 G232 B152"，按【Ctrl+Delete】组合键使用背景色进行填充，去掉选区后效果如图5-21所示。

图5-21

5.2.2 使用油漆桶工具填充

使用油漆桶工具 ◇ 可以为图像或选区填充前景色和图案。填充选区时，填充区域为选区所选区域；填充图像时，则只填充与油漆桶工具所单击点颜色相近的区域。下面为使用油漆桶工具 ◇ 为一幅插画填色的实例。

01 打开插画文件，可以看到画面的部分树木为黑白色。下面使用油漆桶工具为该插画填色，如图5-22所示。

02 单击工具箱中的油漆桶工具 ◇，在其工具选项栏的第一个选项中设置填充方式为【前景】，【容差】设置为5，选中【消除锯齿】选项，选中【连续的】选项。

图5-22

03 设置前景色为嫩绿色，色值为"R153 G207 B119"，使用油漆桶工具在左面第一棵树的树冠上单击，填充前景色，如图5-23所示。由于选中了【连续的】选项，与鼠标单击点处颜色相近的连续区域被填充；继续单击未被填充的区域，完成左面第一棵树的树冠的颜色填充，如图5-24所示。

图5-23

图5-24

04 调整前景色，为其他树木的树冠和枝干填色。填色前注意颜色应选择适合于表现春天生机盎然的嫩绿、翠绿和碧绿。其中一棵用粉色来填充，点缀画面同时也包含春暖花开的寓意，填色后效果如图5-25所示。插画填色完成后，可用于旅行社春季旅行海报中，效果如图5-26所示。

图5-25

图5-26

油漆桶工具的工具选项栏，如图5-27所示。

图5-27

模式/不透明度 用来设置填充内容的混合模式或不透明度。

容差 在文本框中输入数值，可以设置填充颜色近似的范围。数值越大，填充的范围越大；数值越小，填充的范围越小。本例【容差】值为5。

消除锯齿 勾选该选项，可以消除填充颜色或图案的边缘锯齿，本例设置为选中该选项。

连续的 选中该选项，油漆桶工具只填充相邻的区域，取消选中时将填充与单击点相近颜色的所有区域，本例设置为选中该选项。

5.2.3 定义图案

定义图案是一个特别好用的功能，用户可以把自己喜欢的图像定义为图案。定义图案后，可以将图案填充到整个图层或选区中，从而制作精美的作品。下面通过为插画中女性上衣填充图案，介绍如何定义图案以及如何使用定义好的图案。

定义图案

01 打开素材文件中的"衣服纹理"，选中"衣服纹理"图层，如图5-28所示。

图5-28

02 单击菜单栏【编辑】>【定义图案】命令，打开【图案名称】对话框，输入图案名称，如图5-29所示。单击【确定】按钮，将"衣服纹理"图案创建为自定义图案。

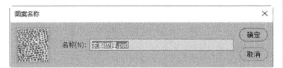

图5-29

03 在油漆桶工具图案下拉列表框中即可查看刚刚定义的图案，如图5-30所示。

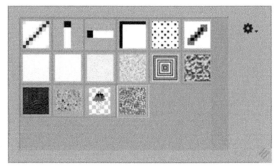

图5-30

填充图案

04 打开素材文件中的"填充图案原图"，单击工具箱中的油漆桶工具 ⬛，在其工具选项栏中设置填充方式为【图案】，在其下拉列表框中选中刚刚定义的图案，使用油漆桶工具在画面中女性衣服上单击，如图5-31所示。

05 所单击的区域衣服以图案的形式进行覆盖，效果如图5-32所示。

图5-31

图5-32

5.2.4　课堂实训：为插画中的黑白图案填色

　　如果给黑白图案填上颜色，将会达到更加理想的效果。本例将使用油漆桶工具为插画中的黑白房子进行填色。

　　操作思路　分3步制作：①根据插画色彩提前考虑房子的颜色搭配；②根据配色设置前景色；③使用油漆桶工具对房子进行填色。

扫码看视频

原图

效果图

5.2.5 使用渐变填充工具

渐变是指颜色从明到暗，或由深转浅，或是从一个色彩缓慢过渡到另一个色彩而产生的效果。使用渐变填充工具能够制作出缤纷的颜色，使画面显得不那么单调。它是版面设计和绘画中常用的一种填充方式，不仅可以填充图像，还可以填充图层蒙版。此外，填充图层和图层样式也会用到渐变。使用渐变工具 可以在图层中或选区内填充渐变色。下面通过为一个"化妆品直通车"图的背景添加渐变效果，来介绍渐变工具 的使用方法。

01 新建大小为800像素×800像素，分辨率为72像素/英寸，名称为"化妆品直通车"的空白文档。单击工具箱中的渐变工具 ，在工具选项栏上单击渐变颜色条打开【渐变编辑器】，在弹出的【渐变编辑器】对话框中双击左侧滑块色标，在弹出的【拾色器】中设置颜色为浅蓝色，色值为"R159 G197 B226"（浅蓝色具有淡雅、清新、浪漫和高贵的特性，常被用于化妆品产品颜色设计），将右侧滑块色标设置为白色，色值为"R255 G255 B255"，单击【确定】按钮完成设置，如图5-33所示。

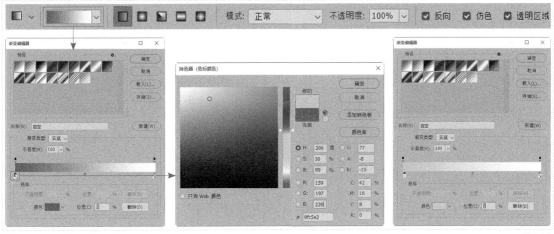

图5-33

02 在渐变工具的工具选项栏上单击【径向渐变】按钮 ，将鼠标指针放在画布的中间偏左位置单击并向右下角拖动出一段距离，如图5-34所示。松开鼠标，背景填充为从中间向四周由白到蓝的渐变，如图5-35所示。

图5-34   图5-35

03 在"化妆品直通车"图中添加图片和文字后，可以看到渐变色背景的应用能够让平淡的图片更加出彩，并且在产品图中营造焦点，强调了产品，如图5-36所示。

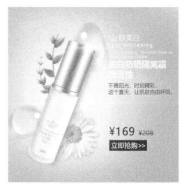

图5-36

【渐变工具】的工具选项栏，如图5-37所示。

图5-37

渐变颜色条 单击该颜色条可以选择预设渐变色或自行设置渐变颜色。

选择预设渐变颜色，单击 右侧的 按钮，可以看到下拉列表框中包含一些预设的渐变颜色，单击即可选中相应渐变色，如图5-38所示。

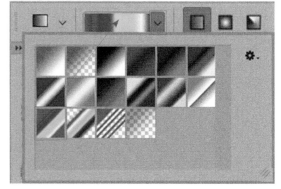

图5-38

自定义渐变颜色，如果在预设的渐变色中没有找到合适的渐变颜色，可以单击 ，打开【渐变编辑器】对话框设置自定义渐变色。具体操作方法如下。

自定义渐变颜色时，如果色标不够，在渐变条下方单击即可添加更多的色标，如图5-39所示。按住色标并左右拖动可以改变色标的位置，如图5-40所示。

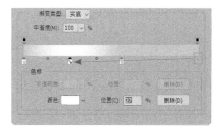

图5-39　　　　　　　　　　　　　　　　　　　　图5-40

如果要删除色标，可以选中色标后按住鼠标左键将其拖离渐变色条，松开鼠标即可删除色标，如图5-41所示。

图5-41

如果要制作出带有透明效果的渐变颜色，可以单击渐变色条上方的透明色标，然后在【不透明度】选项中设置参数，如图5-42所示。

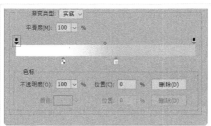

图5-42

【渐变类型】　渐变工具的工具选项栏中提供了5种渐变类型，选中不同的渐变类型填充图像，会产生不同的渐变效果。单击【线性渐变】按钮 ▣，可以以直线的方式创建从起点到终点的渐变；单击【径向渐变】按钮 ▣，可以以圆形的方式创建从起点到终点的渐变；单击【角度渐变】按钮 ▣，可以以逆时针旋转的方式创建围绕起点到终点的渐变；单击【对称渐变】按钮 ▣，可以以从中间向两边呈对称变化的方式创建从起点开始的渐变；单击【菱形渐变】按钮 ▣，可以以菱形的方式从起点向外产生渐变。如图5-43所示（箭头的指示方向为从起点到终点的渐变填充方向）。

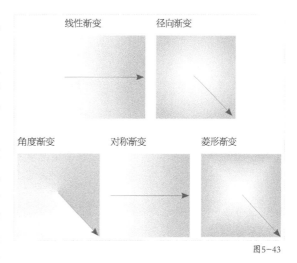

图5-43

【模式】　在该下拉列表框中选择相应的渐变模式，会使渐变填充颜色选中的模式与背景颜色混合，产生不同的填充效果（关于混合模式的应用见第8章）。

【不透明度】 在文本框中输入参数或者拖动滑块，可以对渐变的不透明度进行调整（关于不透明度的应用见第8章）。

【反向】 选中该选项，可以反转渐变颜色的填充顺序。

【仿色】 选中该选项，可以使设置的渐变填充颜色更加柔和自然，不出现色带效果。

【透明区域】 需要填充透明像素时，选中该选项，可以使用透明区域进行渐变填充，取消选中该选项，则会使用前景色填充透明区域。

5.2.6 课堂案例：在选区内添加渐变色

使用渐变工具不仅可以填充整个图层，还可以在创建的选区中填充渐变色。本例将使用渐变工具在选区内填色，绘制一个产品的Logo。

扫码看视频

原图

效果图

操作思路 分3步制作：①创建选区，限定填充渐变色范围；②使用渐变工具自定义颜色；③在选区内单击并拖动鼠标添加渐变色。

01 打开素材文件，按住【Ctrl】键单击"图层 2"的缩览图，将"图层 2"中的图像建立选区，如图5-44所示。

图5-44

02 单击渐变工具，在其工具选项栏中单击渐变色条，打开【渐变编辑器】对话框，根据企业Logo标准色，设置一个由浅到深的渐变红色，将左侧色标颜色设置为暗红色，色值为"R197 G52 B0"，右侧色标颜色设置为更深一些的红色，色值为"R157 G29 B34"，设置完成后，单击【确定】按钮，如图5-45所示。

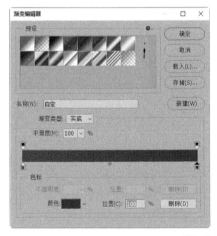

图5-45

03 在渐变工具的工具选项栏中单击【线性渐变】按钮，如图5-46所示选项；将鼠标指针移至画面上，按住【Shift】键拖动鼠标，在选区内垂直向下拖，如图5-47所示；放开鼠标后，在选区内即可添加渐变颜色，如图5-48所示。

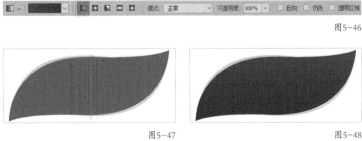

图5-46

图5-47

图5-48

04 单击菜单栏【选择】>【修改】>【收缩】命令，打开【收缩选区】对话框，设置【收缩量】为30像素，如图5-49所示，选区收缩后，如图5-50所示。

图5-49

图5-50

05 单击【图层】面板中的【创建新图层】按钮 ，创建一个新图层"图层3"，如图5-51所示。单击渐变工具 ，在工具选项栏中单击渐变色条，打开【渐变编辑器】选择一个从前景色到透明的预设渐变，如图5-52所示，单击左侧色标，更改颜色为白色，色值为"R255 G255 B255"，将右下方色标移出渐变条，如图5-53所示。

图5-51

图5-52

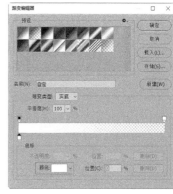

图5-53

06 在渐变工具的工具选项栏中，单击【线性渐变】按钮，如图5-54所示选项，将鼠标指针移至画面上，在选区内靠左侧向右下方向拖动出一条直线，如图5-55所示，放开鼠标，选区内添加了由白色到透明的渐变，如图5-56所示。

图5-54

图5-55

图5-56

07 按【Shift+F6】组合键，打开【羽化】对话框，设置【羽化半径】为20像素，如图5-57所示，按【Ctrl+Shift+I】组合键，反选选区，按【Delete】键删除选区中的内容（使边缘过渡自然），按【Ctrl+D】组合键取消选区，效果如图5-58所示。

图5-57

图5-58

08 打开素材文件2，如图5-59所示。使用移动工具将其拖入当前文档中，移动至合适位置，完成Logo绘制，效果如图5-60所示。

图5-59

图5-60

09 将绘制好的Logo应用到海报中，效果如图5-61所示。

💡**提示**　在使用渐变工具进行填充时，按住【Shift】键拖动鼠标，可以创建水平、垂直或者以水平或垂直为基础的以45°为增量角的渐变。

图5-61

5.2.7 课堂实训：冰激凌海报制作

　　背景在海报设计中起着重要作用，背景色的添加既要使主体能够更好地融合到背景中，同时又要突出主体，为了不使画面色彩显得单调，通常使用渐变颜色来填充背景。

扫码看视频

原图　　　　　　　效果图

操作思路　分3步制作：①选中背景图层，然后使用渐变工具自定义颜色；②设置渐变类型为【径向渐变】 ▣ ，在画面中由中心向四周进行填充；③添加文字，完成冰激凌海报制作。

5.2.8 描边

　　描边操作通常用于突出画面中的某些元素，或者用于将某些元素与画面背景区分开来。使用【描边】命令可以为选区或图像边缘描边。

　　单击菜单栏【编辑】>【描边】命令，打开【描边】对话框，在其中可以设置描边【宽度】【颜色】和【位置】等，如图5-62所示。

图5-62

【描边】 在【宽度】选项中可以设置描边的宽度；单击【颜色】选项右侧的颜色块，可以打开【拾色器】，设置描边颜色。

【位置】 该选项用于设置描边相对于选区的位置，包括【内部】【居中】和【居外】，设置不同的描边位置效果如图5-63所示。

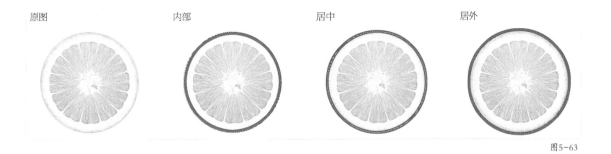

原图　　　　　内部　　　　　居中　　　　　居外

图5-63

【混合】 在该选项组中可以设置描边颜色的【混合模式】和【不透明度】。选中【保留透明区域】，表示只对包含像素的区域描边。

5.2.9 课堂案例：绘制美发店价目表

大家对绘制表格并不陌生，首先想到的应该是使用Excel软件制表。在Photoshop中需要绘制表格时，如果绘制的是比较复杂的表格，可以先使用Excel制表，然后导出图片插入Photoshop文档，这样可以节省大量时间提高工作效率；如果是绘制较为简单的表格，可以直接使用Photoshop中【描边】命令绘制。

扫码看视频

操作思路 分4步制作：①确认表格的行数和列数，使用工具箱中的单行选框工具和单列选框工具绘制选区，使用【描边】命令设置位置为【居中】，对选区进行描边；②根据表格要求使用【变换】命令调整横线和竖线的长度；③根据行数和列数，对横线和竖线进行复制；④使用对齐与分布命令对横线和竖线进行排列，完成表格绘制。

原图　　　　　　　　效果图

01 打开素材文件，如图5-64所示。这是一个美发宣传海报，需要在"会员充值卡"下方绘制一个4行4列的表格，用于区分"会员充值卡"。

02 新建一个图层，并命名为"横线"，单击工具箱中的单行选框工具，在图形中绘制水平选区，如图5-65所示。

图5-64

图5-65

03 单击菜单栏【编辑】>【描边】命令，打开【描边】对话框，设置描边【宽度】为2像素、【颜色】为"R111 G76 B42"（采用"会员充值卡"的颜色，使得色彩统一便于阅读）、【位置】为居中，如图5-66所示。按【Ctrl+D】组合键取消选区，描边效果如图5-67所示。

图5-66

04 按【Ctrl+J】组合键，复制"横线"图层，用作表格横向的制作，如果要绘制4行，则需要复制出4个图层，如图5-68所示。选中"横线 拷贝 4"图层，使用移动工具向下移，限定表格底端位置，然后选中横线及横线拷贝的图层，单击移动工具的工具选项栏中的【垂直居中分布】按钮，垂直分布横线确定行间距，如图5-69所示。

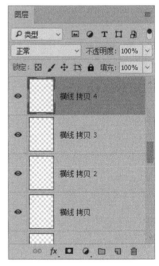

图5-68

图5-67

图5-69

05 选中所有横线图层，按【Ctrl+T】组合键调整横线长短。调整时按住【Shift】键拖动，可以限定表格的宽度，如图5-70所示。

图5-70

06 新建一个图层，命名为"竖线"，单击工具箱中的单列选框工具 ⁝ ，紧贴横线的左侧单击，创建选区，如图5-71所示。

图5-71

07 单击菜单栏中的【编辑】>【描边】命令，打开【描边】对话框，该对话框中保留了横线描边的设置参数。单击【确定】按钮，设置和横线一样的描边。表格是4列，因此要复制4条竖线。将画面放大，使用移动工具选中竖线，按住【Alt】键不放向右移动图像，即可复制一条竖线，如图5-72所示，按照该方法复制出另外3条竖线，在复制、移动竖线的过程中可以预估一下列宽。列宽是根据文字的数量来设定的，输入文字后，再对列宽进行细致的调整。

图5-72

08 选中所有竖线图层，按【Ctrl+T】组合键调整竖线长短以适合表格。然后对表格的行和列的间距进行调整，如图5-73所示。

图5-73

09 在表格第一行下方绘制色块，并将文字内容输入到表格中（关于文字的输入方法详见第7章），完成表格制作，如图5-74所示。

图5-74

> **提示** 在有选区的状态下，使用【描边】命令可以沿选区的边缘进行描边；在没有选区的的状态下，使用【描边】命令可以沿画面边缘进行描边。

5.3 画笔与橡皮擦

熟悉了Photoshop的颜色设置后，就可以正式使用Photoshop的绘画功能了。下面就来了解一下常用的绘画工具。

5.3.1 画笔工具

当我们需要绘画的时候，就需要一只笔，在Photoshop工具箱中可以找到一个毛笔形状的按钮——画笔工具 ✎ 和一个铅笔形状的命令——铅笔工具 ✐ 。它们的区别是，使用画笔工具可以绘制带有柔边效果的线条，并且可以给图像上色；铅笔工具和我们平时所用的铅笔类似，使用它画出的线条有硬边，放大看线条边缘呈现清晰的锯齿状。铅笔工具常用于构图、勾线。图5-75所示带有柔边的线条，为使用画笔工具的绘制效果；图5-76所示图像的外轮廓，为使用铅笔工具的绘制效果。

图5-75   图5-76

使用画笔工具可以以前景色绘制各种形状，同时，它还可以用来编辑通道和蒙版（关于通道和蒙版的相关知识详见第11章 ）。

单击工具箱中的画笔工具 ✎ ，使用前先设置前景色，然后在工具选项栏中对画笔笔尖形状、大小等选项进行设置，设置完成后在画面中按住鼠标左键拖动即可进行绘制。

画笔工具的工具选项栏，如图5-77所示。

图5-77

[图标] 单击该按钮可以打开【画笔预设】对话框，在该对话框中可以选择笔尖形状和画笔大小，如图5-78所示。

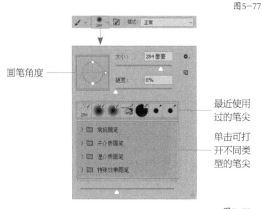

图5-78

【画笔角度】 用于指定画笔的长轴在水平方向旋转的角度。

【大小】 通过输入数值或移动滑块可以调整笔尖大小。如果要绘制的笔触较大时，将大小数值调大，反之将大小数值调小。

【硬度】 使用圆形画笔时，通过该选项可以调整画笔边缘的模糊程度，数值越小画笔的边缘越模糊。

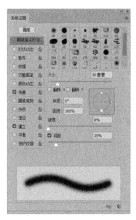 单击该按钮可以打开【画笔设置】面板，如图5-79所示（具体设置方法见5.4节）。

图5-79

【模式】 设置画笔的混合模式，该选项类似于图层的【混合模式】。当画笔工具在已有图案上绘制时，画笔绘制的图形将根据所选混合模式和已有图形进行混合；当模式设置为【正常】时，画笔所绘制的图形不会与已有图形产生混合效果。

【不透明度】 设置画笔描绘出来的图形的不透明度。设置的数值越低，透明度越高。

【流量】 设置当鼠标指针移动到某个区域上方时应用颜色的速率，数值越高流量越大。

【喷枪】 单击该按钮，可以启用喷枪功能进行绘画。将鼠标指针移动到某个区域时，如果按住鼠标不放，画笔工具会根据按住鼠标的时间长短来决定颜料量的多少，持续填充图像。

【绘图板压力按钮】 在使用绘图板时，启用按钮，可以对【不透明度】使用压力，关闭该按钮则由【画笔预设】控制压力；启用按钮，可以对【大小】使用压力，关闭该按钮则由【画笔预设】控制压力。

5.3.2 铅笔工具

铅笔工具和画笔工具的使用方法差不多，使用它也以前景色来绘画，使用时先设置合适的前景色，然后在选项栏中设置适当的笔尖和笔尖大小，在画面中按住鼠标左键拖动即可进行绘制。

铅笔工具和画笔工具的选项栏基本相同，只是在铅笔工具的工具选项栏中包含【自动涂抹】按钮，如图5-80所示。

图5-80

【自动涂抹】 选中该选项，当铅笔工具在包含前景色的区域上涂抹时，该涂抹区域颜色替换成背景色；当铅笔工具在包含背景色的区域上涂抹时，此时涂抹区域颜色替换成前景色。图5-81所示为未选中【自动涂抹】的绘制效果，图5-82所示为选中【自动涂抹】的绘制效果。

图5-81

图5-82

提示 使用快捷键调整画笔笔尖大小和硬度

使用快捷键调整画笔笔尖大小和硬度：按【[】键可将画笔调小，按【]】键可将画笔调大；按【Shift+[】组合键可以降低画笔硬度，按【Shift+]】组合键可以提高画笔硬度。

5.3.3 橡皮擦工具

使用橡皮擦工具 ✐ 可以擦除不需要的图像。下面我们通过网络店铺首页图设计中多余吊坠项链的去除操作，介绍橡皮擦工具的使用方法。

01 打开素材文件，从图中可以看到位于画面左边的项链影响画面效果，干扰文字阅读，如图5-83所示，下面使用橡皮擦工具将它擦除。

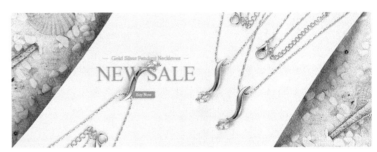

图5-83

02 单击工具箱中的橡皮擦工具，在工具选项栏中设置笔尖形状、大小等参数，如图5-84所示。

图5-84

03 设置完成后，选中"项链"所在的图层，将"橡皮擦"放在需要去除的图像上并拖动进行擦除，如图5-85所示。

图5-85

04 擦除"项链"后，设置【前景色】为"R244 G241 B254"（选用项链底图颜色），对背景图层进行填充，如图5-86所示。

图5-86

提示 使用橡皮擦工具可以擦除不需要的图像。使用橡皮擦工具擦除普通图层时，可以擦除涂抹区域的像素；如果擦除的是背景图层或者锁定了透明区域的图层，则会以背景色填充擦除区域。

橡皮擦工具的工具选项栏，如图5-87所示。

图5-87

【模式】 该选项用于设置橡皮擦的类型。选中【画笔】，擦除边缘带有羽化效果，如图5-88所示；选中【铅笔】，擦除边缘较硬，如图5-89所示；选中【块】，则会以固定的方块形状擦除，如图5-90所示。本例选中【画笔】。

图5-88

图5-89

图5-90

【不透明度】 用来设置擦除的强度，100%的不透明度可以完全擦除图像，使用较低的不透明度可擦除部分像素。当设置为【块】时，不能使用该选项。

【流量】 用来控制画笔工具的擦除速率。

【抹到历史记录】 使用橡皮擦擦除图像后，选中该选项后再次进行擦除操作，可以还原已被擦除的图像。

5.4 使用画笔设置面板

使用画笔不仅可以绘制单色的线条，还可以绘制叠加图案、分散的笔触和透明度不均匀的笔触，想要绘制出这些效果就要使用【画笔设置】面板。如图5-91所示。

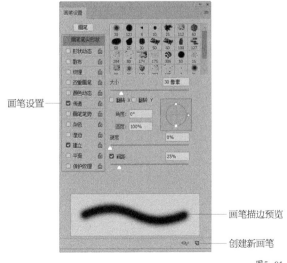

画笔设置

画笔描边预览

创建新画笔

图5-91

【画笔设置】 单击画笔设置中的选项，面板右侧会显示该选项的详细设置内容（默认显示画笔笔尖形状选项）。若选项中显示🔒图标时，表示当前画笔的笔尖形状属性为锁定状态，显示图标🔓时表示未锁定。

【画笔描边预览】 该区域可以实时预览所选中画笔的笔触效果。

【创建新画笔】 当对一个预设进行修改后，单击该按钮可以将其保存为新的预设画笔。

5.4.1 笔尖形状设置

默认情况下，【画笔设置】面板显示的是【画笔笔尖形状】选项卡，这里可以对画笔形状、大小、硬度、间距等参数进行设置，调整这些参数时可以在底部【画笔描边预览】区域查看设置后的效果，如图5-92所示。

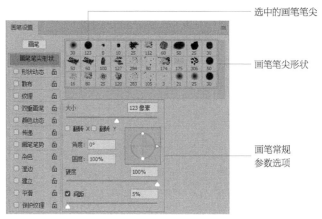

图5-92

【画笔笔尖形状】 显示了Photoshop中提供的预设笔尖，单击任意笔尖形状，即可将之设置为当前笔尖，在画笔描边预览区可以查看笔触效果。常用笔尖形状为尖角和柔角。使用柔角笔尖绘制的线条边缘较柔和，呈现逐渐淡出的效果，如图5-93所示；使用尖角笔尖绘制的线条具有清晰的边缘，如图5-94所示。

图5-93

图5-94

【选中的画笔笔尖】 表示当前选中的画笔笔尖。

【画笔常规参数选项】 在该区域可以设置画笔的大小、硬度和间距等常规参数。

【大小】 用来设置画笔大小，范围为1至5000像素，如图5-95、图5-96所示。

大小30像素

大小60像素

图5-95

图5-96

【翻转X/翻转Y】 用来改变画笔笔尖在其x轴或y轴上的方向，如图5-97至图5-99所示。

原图

图5-97

选中【翻转X】

选中【翻转Y】

图5-98

图5-99

【角度】 用来设置画笔笔尖的旋转角度，可在文本框中输入数值或拖动右侧图中箭头进行调整，如图5-100、图5-101所示。

角度为0°

图5-100

角度为50°

图5-101

【圆度】 用来设置画笔长轴和短轴之间的比例，可在文本框中输入数值或拖曳控制点来调整，范围为0%~100%的数值。以圆形笔尖为例，当数值为100%时，笔尖为圆形；当数值为其他时画笔笔尖被"压扁"，如图5-102、图5-103所示。

圆度为100%

图5-102

圆度为50%

图5-103

【硬度】 用来控制画笔的硬度大小。数值越小画笔的边缘越柔和，将画笔分别设置为100%、30%的效果，分别如图5-104、图5-105所示。

【间距】 用来控制描边中两个画笔笔迹之间的距离，数值越大，笔迹之间的间距越大，将间距分别设置为100%、200%的效果，分别如图5-106、图5-107所示。

硬度100%   硬度30%

图5-104   图5-105

间距100%   间距200%

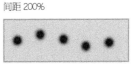

图5-106   图5-107

5.4.2 自定义笔尖形状

在使用画笔工具进行绘图时，当Photoshop的预设画笔笔尖形状不能满足需要时，我们可以将想要的图片或形状定义为画笔，供后续使用。此时，需要使用【定义画笔预设】命令创建自定义画笔。定义画笔笔尖的方式非常简单，步骤如下。

01 打开素材文件中需要定义成笔尖的图片，如图5-108所示。

02 单击菜单栏【编辑】>【定义画笔预设】菜单命令，在弹出的【画笔名称】对话框中设置画笔名称，单击【确定】按钮，完成自定义设置，如图5-109所示。

图5-108   图5-109

03 定义笔尖形状完成后，在【画笔笔尖形状】中可以看到新定义的笔尖，如图5-110所示。

图5-110

04 选中自定义的笔尖，就可以像使用预设笔尖一样进行绘制。通过绘制的效果可以发现，笔尖图像的黑色部分为半透明，白色部分为透明，而灰色部分为半透明，使用自定义的笔尖绘制效果如图5-111所示。要绘制出例图这种大小不一、随机分布的气泡，需要进行画笔设置，如设置【形状动态】【分散】等。

图5-111

> 💡 **提示** Photoshop只能将灰度图像定义为画笔。因此，就算定义的是彩色图像，定义完成后的画笔也是灰色图像，并且它是通过灰度深浅的程度来控制画笔的透明度的。

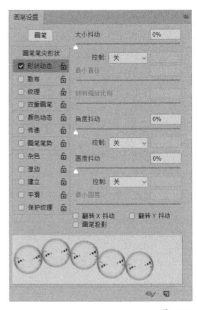

图5-112

5.4.3 形状动态

形状动态主要用于调整笔尖形状变化，包括大小抖动、最小直径、角度抖动、圆度抖动以及翻转抖动，使笔尖形状产生随机的变化。在【画笔笔尖形状】中选择一个笔尖形状，这里选中5.4.2节定义的笔尖形状，然后单击【画笔设置】面板中的【形状动态】选项，如图5-112所示。

【大小抖动】 控制画笔笔尖与笔尖之间的随机变化。该数值越高，轮廓越不规则，如图5-113、图5-114所示。在控制选项下拉列表框中可以选择抖动方式，选中【关】，表示无抖动，如图5-115所示；选中【渐隐】，可按照指定数量的步长在初始直径和最小直径之间"渐隐"画笔笔迹，使其产生淡出的效果，如图5-116所示。

大小抖动0%

大小抖动100%

图5-113　　　　　　　图5-114

控制设置为【关】

控制设置为【渐隐】

图5-115　　　　　　　图5-116

最小直径 当启用了【大小抖动】后，通过该选项设置画笔笔迹缩放的最小百分比。数值越高，笔尖直径的变化越小，如图5-117、图5-118所示。

最小直径为20%

最小直径为60%

图5-117　　　　　　　图5-118

【角度抖动】 用来指定画笔笔尖角度的改变方式，如图5-119、图5-120所示。

角度抖动0%

角度抖动95%

图5-119　　　　　　　图5-120

【圆度抖动】 用来指定画笔笔尖圆度的变化方式，如图5-121、图5-122所示。可在【控制】下拉列表框中选择一种控制方法，当启用了一种控制方法后，可在【最小圆度】中设置画笔笔迹的最小圆度。

圆度抖动0%

圆度抖动60%

图5-121　　　　　　　图5-122

【翻转X抖动/翻转Y抖动】 用来设置笔尖在x轴或y轴上的方向。以蝴蝶形状笔尖作示范可以更直观地查看翻转效果，如图5-123、图5-124所示。

翻转X抖动

翻转Y抖动

图5-123 图5-124

5.4.4 散布

散布决定了笔触的数量和位置，可以使笔触沿绘制的线条产生随机分布的效果。单击【画笔设置】面板中的【散布】选项，显示【散布】设置选项，如图5-125所示。

图5-125

【散布】 用来设置画笔笔迹的分散程度，该值越高，分散范围越广，如图5-126、图5-127所示。

散布100%

散布500%

图5-126 图5-127

【两轴】 选中【两轴】，画笔笔迹将以中间为基准，向两侧分散。

【数量】 用来指定在每个间距应用的画笔笔迹数量。增加该值可以重复笔迹，如图5-128、图5-129所示。

【数量抖动】 用于设置画笔笔迹的数量的随机性。数值越大，画笔笔迹随机变化程度越大。如图5-130、图5-131所示。

散布100%、数量1

散布100%、数量5

散布0%、数量1、数量抖动0% 散布0%、数量1、数量抖动100%

图5-128 图5-129 图5-130 图5-131

影楼拍摄吹泡泡的场景，如果直接拍摄吹出的泡泡，照片上泡泡的形状不一定好看；为了美观，前期拍摄时可以拿着道具做动作，只做一个吹泡泡的姿势，后期通过画笔工具将泡泡绘制上去。了解【形状动态】与【分散】的设置后，下面讲解绘制气泡的具体操作步骤。

01 打开素材文件中人物照片，如图5-132所示。

02 单击工具箱中的画笔工具，在其工具选项栏中单击 按钮，打开【画笔设置】面板，在其中选中前节中定义的笔尖形状，并对常规选项进行设置；将【大小】设置为100像素、【间距】设为100%，如图5-133所示。

图5-132

03 单击【形状动态】选项，进入设置页面。设置【大小抖动】值为100%（让气泡大小差异大一些）；设置【角度抖动】值为100%（呈现不同方向的气泡），使气泡的高光点以不同方向显示，可以让气泡更逼真，如图5-134所示。单击【散布】选项，进入选项卡，选中【两轴】选项并将散布值设置为1000%（让散布范围大一些），如图5-135所示。

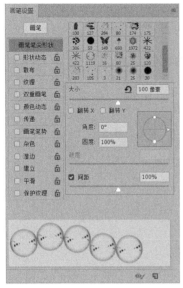

图5-133　　　　　　　　　　　　　图5-134　　　　　　　　　　　　　图5-135

04 在【图层】面板中新建一个图层，命名为"绘制气泡"。在视图窗口中按照箭头的所指方向向人物拖动鼠标，绘制出随意的泡泡形状。绘制时要注意泡泡的大小和层次，可采用单击的方式，还可以在个别区域添加泡泡来调整泡泡的分布状态。绘制时可随时调整画笔大小，绘制效果如图5-136所示。

图5-136

05 按住【Ctrl】键单击"绘制气泡"图层缩览图，将绘制的泡泡创建选区，新建一个图层，命名为"渐变填充"。单击渐变工具，打开【渐变编辑器】设置渐变颜色，如图5-137所示。这一操作的目的是绘制七彩泡泡，使它更逼真。

图5-137

06 在画面中拖动鼠标填充渐变色，如图5-138所示，由于气泡具有一定的透明度，填充渐变色后颜色会比较淡，可以复制几个气泡和渐变色图层，最终效果如图5-139所示。

图5-138

图5-139

5.4.5 课堂案例：给照片添加逼真的雨丝

动与静的结合，会使整个图片都显得生动引人注目，本例通过简单几步操作给照片加上逼真的雨丝，从而使读者熟悉画笔设置的各个功能。

扫码看视频

操作思路 分3步制作：①使用画笔工具，通过【大小】【圆度】【角度】和【间距】设定笔尖，通过控制【大小抖动】和【散布】数值使雨丝分布更自然，设置完成后，在画面中涂抹就可以绘制雨丝；②创建不同的图层绘制大小不同的雨丝；③通过【高斯模糊】【动感模糊】滤镜模糊雨丝，控制雨丝的前后效果。

原图

效果图

01 按【Ctrl+O】组合键，打开素材文件中的照片，如图5-140所示。首先分析雨丝的形态：雨水是随机的，是零散的飘落状态，细长形状。下面对画笔笔尖进行形状设置。

图5-140

02 单击工具箱中的画笔工具，按【F5】键打开【画笔设置】面板，在【画笔笔尖形状】选项中选中一个柔角笔尖，在常规选项中进行设置。设置【圆度】值为2%、【间距】值为1000%，使笔尖呈窄长型散开状，再设置【大小】值为200像素，【角度】值为70°（雨丝的方向），如图5-141所示。

03 单击【形状动态】选项，设置【大小抖动】值为100%、【控制】为钢笔压力，使笔尖产生随机性的大小变化，如图5-142所示。

04 单击【散布】选项，设置【散布】值为1000%、可以看到笔尖已经很像是雨丝了，设置【数量】值为2，使雨丝更零散，如图5-143所示。

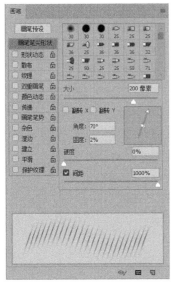
图5-141

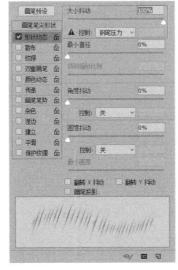
图5-142

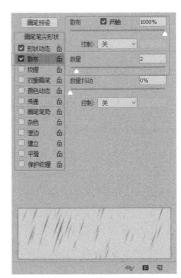
图5-143

05 在【图层】面板中新建一个图层，命令为"雨丝1"，如图5-144所示。使用画笔工具 ✔️，按住鼠标左键在图像上轻涂，效果如图5-145所示。单层雨丝效果较平淡、假，通常需要多做几层，因为雨丝有空间感。

图5-144

图5-145

06 这一层可以做得虚一点，使雨丝有退后的感觉。单击菜单栏【滤镜】>【模糊】>【高斯模糊】命令，在弹出的【高斯模糊】对话框中，设置【半径】值为1.5像素，单击【确定】按钮，如图5-146、图5-147所示。

图5-146

图5-147

07 新建一个图层,命名为"雨丝 2",在【画笔笔尖形状】选项中将画笔大小适当调大,设置【大小】值为250像素,在画面中绘制;绘制完成后设置图层的【不透明度】值为60%,绘制效果如图5-148所示。

08 新建一个图层,命名为"雨丝 3",在【画笔笔尖形状】选项中将画笔大小再调大,设置【大小】值为300像素;在画面中绘制前景雨点,效果如图5-149所示。

图5-148

图5-149

09 单击菜单栏【滤镜】>【模糊】>【动感模糊】命令,在弹出的对话框中,设置【角度】值为70度、【距离】值为200像素,使雨丝呈现雨线效果,如图5-150所示。通过近大远小、近实远虚,层层推进,制作出如图5-151所示效果。

图5-150

图5-151

🔗 **相关链接**　【高斯模糊】和【动感模糊】都是Photoshop的滤镜。滤镜主要用来为图像添加各种特殊效果（关于滤镜的相关内容见第10章）。

5.5 课后习题

1. 设计海报时，为了制造一些效果，有时会将主体放在有条纹的背景图里，这样看起来会更突出主体并起到充实画面背景的作用。请读者为一款网店主图绘制背景横条和竖条，从而熟练掌握颜色设置、为选区填充颜色等操作。

原图

效果图

2. 使用油漆桶工具为黑白卡通图案填色，将填色后的图案应用到警示牌中。请读者反复练习该操作，熟练掌握油漆桶工具的使用方法。

原图

效果图

第 6 章

矢量绘图工具的应用

本章内容导读

本章主要讲解Photoshop中的矢量绘图工具，它分为两大类：钢笔工具和形状工具。钢笔工具常用于绘制不规则的图形或抠图，而形状工具常用于绘制规则的几何图形。

重要知识点

- 认识矢量图以及掌握不同类型的绘图模式
- 了解路径和锚点之间的关系
- 熟练掌握钢笔工具和形状工具的使用方法
- 认识【路径】面板及相关应用
- 熟练掌握路径的操作和编辑方法

学习本章后，读者能做什么

通过本章学习，读者将会使用钢笔工具和形状工具绘制各种各样的图标、矢量插画以及Logo设计图。还可以使用钢笔工具抠取各种较为复杂的图像。

APPLICATION OF VECTOR DRAWING TOOLS

6.1 认识矢量绘图

在Photoshop中，绘画和绘图是两个截然不同的概念：绘画是绘制和编辑位图图像，而绘图则是使用矢量工具绘制和编辑矢量图形。每个矢量图形都自成一体，具有颜色、形状、轮廓和大小等属性。矢量图形主要特点是：图形边缘清晰锐利，并且矢量图无论放大多少倍，图形都不会变模糊（即清晰度与分辨率大小无关），但使用的颜色相对单一。具有以上特点的矢量图形常用于标志设计、UI设计、插画设计等。图6-1所示的图标就是使用矢量绘图工具绘制的。

矢量绘图工具包括钢笔工具和形状工具（如矩形工具、圆角矩形工具、椭圆工具、多边形工具、直线工具、自定形状工具）。使用矢量绘图工具不仅可以绘制路径，还可以绘制形状和像素。

图6-1

6.2 选择绘图模式

要绘制矢量图形，需要先在工具选项栏中选中相应的矢量绘图工具，然后进行绘图操作。在工具选项栏可以看到矩形工具的绘图模式包括【形状】【路径】和【像素】，如图6-2所示，选择不同的绘图模式可以创建不同类型的对象。下面就来介绍形状、路径和像素的特征，以便为学习使用矢量工具，尤其是钢笔工具打下基础。

图6-2

选中【形状】选项后，绘制的图形自动新建【形状图层】，如图6-3所示。形状图层由路径和填充区域组成，路径是图形的轮廓，填充区域可以定形状的颜色、图案。选中该选项后绘制出的矢量对象会在【路径】面板中显示标签，如图6-4所示。使用矩形工具、椭圆工具、多边形工具和自定形状工具时通常选中该选项。

图6-3

图6-4

选中【路径】选项后，只能绘制路径，它不具备颜色填充属性，所以无需选中图层。绘制的是矢量路径，在【路径】面板中显示为【工作路径】，如图6-5所示。【路径】的使用情况分两种：①使用钢笔工具抠图时，绘制路径后通常需要将路径转换为选区；②绘制较为复杂的图形时，可以先将绘图模式设置为

【路径】，然后将【路径】转换为【形状】进行填色或描边（这样操作是由于【路径】为线条勾勒，可以更清晰地看出图形绘制走向）。

图6-5

选中【像素】选项后，需要先选中图层；它以前景色填充绘制的区域，绘制出的对象为位图，因此

【路径】面板中不会有显示，如图6-6所示。形状工具可以使用该选项，钢笔工具不可用该选项。

图6-6

由于【像素】绘图模式操作简单，下面主要讲解【形状】和【路径】绘图模式中的各个工具或命令的功能和使用方法。

6.2.1 使用【形状】绘图模式

使用形状工具组中的工具或钢笔工具，都可以将绘图模式设置为【形状】。在【形状】绘制模式下可以设置形状的填充，将图形填充为【纯色】【渐变】【图案】或【无颜色】，同时还可以对形状进行描边，如图6-7所示。下面以某裙装海报为例，介绍如何使用【形状】模式绘图。

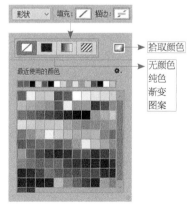

对图形进行填充

图6-7

01 设置【填充】为【无颜色】。打开素材文件中的裙装海报设计文件，单击工具箱中的矩形工具，在工具选项栏中设置绘图模式为【形状】，然后单击【填充】对话框中的【无颜色】按钮 ⟋ ，同时【描边】也设置为【无颜色】 ⟋ ，如图6-8所示。按住鼠标左键拖动绘制图形，如图6-9所示。

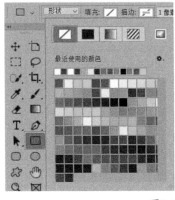

图6-8

图6-9

02 设置【填充】为纯色。按【Ctrl+Z】组合键撤销无颜色填充操作。单击【填充】下拉面板的【纯色】按钮 ，在下拉面板中单击相应的颜色，如图6-10所示；接着按住鼠标左键拖动绘制图形，该图形就会被填充为所选颜色，如图6-11所示。如果面板中未找到需要的颜色，可以单击【拾色器】按钮

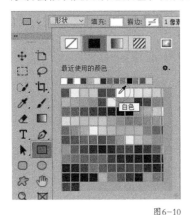

图6-10

，打开【拾色器】对话框，自定义颜色。本例使用纯色填充"白色"（白底能使画面显得"干净"，更能凸显出文字，使文字与背景分离开）。

图6-11

03 设置【填充】为渐变。如果想要设置【填充】为渐变，可以单击【填充】下拉列表框中的【渐变】按钮，然后选择相应的渐变色或设置自定义渐变色，如图6-12所示。设置完渐变色后绘制图形，效果如图6-13所示。

图6-12

图6-13

04 设置【填充】为图案。如果想要设置【填充】为图案，可以单击【填充】下拉列表框中的【图案】按钮，然后选择合适的图案，如图6-14所示。接着绘制图形，该图形效果如图6-15所示。

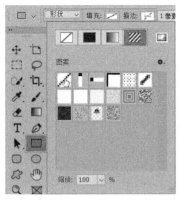

图6-14 图6-15

对图形进行描边

在【描边】区域中，可以用纯色、渐变或图案进行描边，【描边】对话框与【填充】对话框是相同的，设置的方法也基本相同，在【描边】中还可以设置【描边粗细】和【描边类型】。下面以纯色填充（完成步骤02得出的效果的基础上）为例介绍它们的使用方法。

05 在工具选项栏【描边】的对话框中，选中【纯色】按钮，单击【拾色器】按钮 设置颜色，色值为"R238 G108 B110"，如图6-16所示。

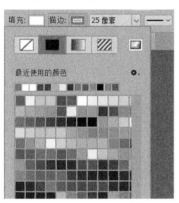

图6-16

06 设置【描边宽度】为25像素，单击【描边类型】按钮，在下拉列表框中可以选择用"实线""虚线"和"圆点"来描边，如图6-17所示，本例选中"实线"。分别使用不同的描边类型，"实线""虚线"和"圆点"的效果如图6-18所示。

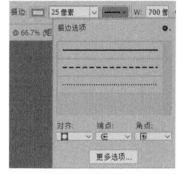

图6-17

实线

虚线

圆点

图6-18

07 【描边类型】列表框中的其他选项。【对齐】选项中可以设置描边的位置，分别有【内部】 、【居中】 和【外部】 3个选项，如图6-19所示。

内部　　　　　　　　　居中　　　　　　　　　外部

图6-19

【端点】用来设置开放式路径描边端点位置的类型，有【端面】、【圆形】和【方形】3种，如图6-20所示。

端面　　　　圆形　　　　方形

图6-20

【角点】用于设置路径转角处的转折样式，有【斜接】、【圆形】和【斜面】3种，如图6-21所示。

斜接　　　　　　　　　圆形　　　　　　　　　斜面

图6-21

设置例图的描边位置为【外部】，角点为【斜接】，描边效果如图6-22所示。

图6-22

6.2.2 使用【路径】绘图模式

使用矢量绘图工具绘图时可以使用【路径模式】。尤其是使用钢笔工具时，通常使用该绘图模式进行绘制。在使用路径模式绘图前首先要了解什么是路径，什么是锚点。

认识路径

路径实际上就是使用绘图工具创建的任意形状的曲线，用它可勾勒出物体的轮廓，所以路径也被称为轮廓线。为了满足绘图的需要，路径又分为有起点和终点的开放路径，如图6-23所示，以及没有起点和终点的封闭路径，如图6-24所示。

也可以由多个相互独立的路径组成路径组件，这些路径称为子路径，如图6-25所示包含5个子路径。

图6-23　　　　图6-24　　　　图6-25

认识锚点

路径常由直线路径或曲线路径组成，它们通过锚点相连接。

锚点分为两种，一种是平滑点，另一种是角点。平滑点连接可以形成平滑的曲线，如图6-26所示；角点连接形成直线，如图6-27所示。曲线路径端上的锚点有方向线，方向线的端点为方向点（红框处），它们用于调整曲线的形状。

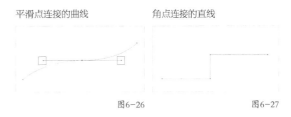

平滑点连接的曲线　　　　角点连接的直线

图6-26　　　　　　图6-27

路径转为选区、蒙版或形状

在工具箱中单击钢笔工具，设置绘图模式设置为【路径】，将棒棒糖的外轮廓绘制成路径（本例路径的创建方法见本章6.5节），如图6-28所示。

在工具选项栏中单击【选区】【蒙版】或【形状】按钮，可以将路径转换为选区、矢量蒙版或形状图层，如图6-29所示，转换后效果如图6-30所示。

图6-29

图6-28

单击【选区】按钮

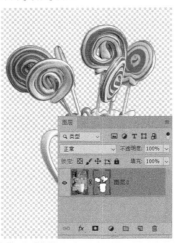

单击【蒙版】按钮

单击【形状】按钮

图6-30

6.3 使用钢笔工具绘图

钢笔工具是Photoshop中最强大的绘图工具。钢笔工具不但可以用于绘制矢量图形，还可以用于抠取图像。

Photoshop提供多种钢笔工具，包括钢笔工具 ⬚、自由钢笔工具 ⬚、弯度钢笔工具 ⬚、添加锚点工具 ⬚和删除锚点工具 ⬚等。下面介绍几种常用钢笔工具绘图方法。

6.3.1 钢笔工具

钢笔工具 ⬚是标准的钢笔绘图工具，使用该工具可以绘制任意形状的高精准度图形，在作为选取工具使用时，钢笔工具绘制的轮廓光滑、准确，将路径转换为选区可以自由精确地选取对象。

绘制直线 单击工具箱中的钢笔工具 ⬚，在其工具选项栏中将绘图模式设置为【路径】。在画布上单击建立第一个锚点，然后间隔一段距离单击，在画布建立第二个锚点，形成一条直线路径，如图6-31所示；在其他区域单击可以继续绘制直线路径，如图6-32所示。

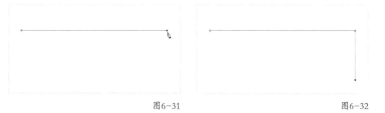

图6-31　　　　　　　　　　　图6-32

> **提示** 如果要结束一段开放式路径的绘制，可以按住【Ctrl】键在空白处单击或直接按【Esc】键结束路径的绘制；如果要创建闭合路径，可以将鼠标指针放在路径的起点，当鼠标指针变为 ⬚.状时，单击即可闭合路径；如果要绘制水平、垂直或在水平或垂直的基础上以45°为增量角的直线，按住【Shift】键绘制。

绘制曲线 使用钢笔工具 ⬚，在画布上单击创建一个锚点，同时间隔一段距离单击画布建立第二个锚点，按住鼠标左键不松拖动延长方向线；按住【Ctrl】键拖动方向线"A"或"B"端点，此时鼠标指针变成实心箭头，拖动端点调整弧度，如图6-33所示。

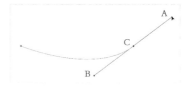

图6-33

按住【Alt】键单击"C"端点，则上方延长线消失，如图6-34所示，同时间隔一段距离单击画布建立端点可继续绘制直线或曲线，如图6-35所示。

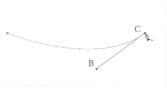
图6-34

图6-35

6.3.2 添加锚点与删除锚点工具

在使用钢笔工具绘图时，如果绘制的路径和图像边缘不能吻合，如图6-36所示，就需要结合添加锚点工具 ⬚和删除描点工具 ⬚调整路径。

图6-36

❶路径明显偏移图像边缘，需要添加锚点调整路径。

❷锚点过多，造成不必要的凸起，需要删除多余锚点。

添加锚点工具 使用该工具在红圈处路径段的中间位置单击添加一个锚点，然后向构成曲线形状的方向拖动方向线。方向线的长度和斜度决定了曲线的形状，如图6-37所示。

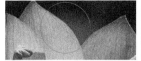

图6-37

删除锚点工具 使用尽可能少的锚点，可更容易编辑曲线，并且系统可更快速地显示。使用该工具在曲线锚点处单击即可删除锚点，如图6-38所示（单击圆圈处）。删除锚点后，拖动两端端点调整曲线弧度，调整后效果如图6-39所示。

图6-38   图6-39

6.3.3 转换点工具

锚点包括平滑锚点和角点锚点两种。使用转换点工具可以将平滑锚点和角点锚点进行转换。

选择转换点工具，将鼠标指针放在锚点上方，如图6-40所示。如果当前锚点为角点锚点，单击并拖动鼠标可将其转换为平滑锚点，如图6-41所示；在平滑锚点状态下，单击鼠标，可将其又转换为平角点锚点，如图6-42所示。将该图形各个角点锚点转换为平滑锚点，绘制图形效果如图6-43所示。

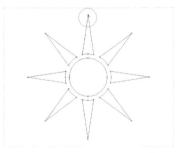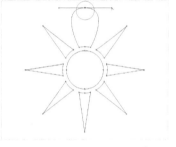

图6-40   图6-41

图6-42   图6-43

方向线和方向点的用途 在曲线路径段上，每个锚点都包含一条或两条方向线，方向线的端点是方向点，如图6-44所示，拖动方向点可以调整方向线的长度和方向，从而改变曲线形状。

图6-44

移动平滑锚点上的方向线，会同时调整方向线两侧的曲线路径段，如图6-45所示。

移动角点锚点上的方向线时，则只调整与方向线同侧的曲线路径段，如图6-46所示。

移动平滑锚点上的方向线

图6-45

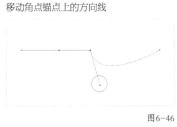

移动角点锚点上的方向线

图6-46

6.3.4 直接选择与路径选择工具

创建路径后，可以使用工具箱中的直接选择工具 选择与移动锚点，或使用路径选择工具 选择和移动路径。

选择锚点、路径段 要选择锚点或路径段，可以使用直接选择工具 。使用该工具单击一个锚点，即可选中这个锚点，选中的锚点显示为实心方块，未选中的锚点显示为空心方块，如图6-47所示；单击一个路径段时，可以选中该路径段，如图6-48所示。

选择锚点

图6-47

选择路径段

图6-48

移动锚点、路径段 使用直接选择工具 可以移动锚点和路径段。选中锚点，将锚点拖动到新位置，即可移动锚点，如图6-49所示；锚点和路径也可以同时选中并进行移动操作，用以改变路径形状。选中需要移动的路径段两端的锚点，拖动到新位置，即可移动路径段，如图6-50所示。

移动锚点

图6-49

移动路径段

图6-50

选择路径 使用路径选择工具 单击画面中的一个路径即可将该路径选中。使用该工具单击画面中大的圆形路径，如图6-51所示；使用路径选择工具 的同时，按住【Shift】键逐个单击，可以选中多个路径，图6-52所示为同时选中画面中的两个圆形路径。

选择单个路径

选择多个路径

移动路径 使用路径选择工具 选中需要移动的路径后，将鼠标指针放到所选路径的上方拖动即可对路径进行移动。

图6-51   图6-52

6.3.5 路径的运算

在前面选区的学习中读者已经知道，使用选择工具选取图像时，通常需要对选区进行相加、相减等运算使其符合要求；而使用钢笔工具或形状工具时，也需要对图形进行相应的运算，才能得到想要的轮廓。

单击钢笔工具或形状工具的工具选项栏中的【路径操作】按钮，可以在打开的下拉列表框中选择路径运算方式，如图6-53所示。

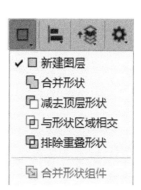

图6-53

【新建图层】 单击该按钮可以创建新的路径图层。

【合并形状】 单击该按钮，新绘制的图形会与原有图形合并。

【减去顶层形状】 单击该按钮，可以在原有图形中减去新绘制的图形。

【与形状区域相交】 单击该按钮，画面中只保留原有图形与新建图形相交的区域。

【排除重叠形状】 单击该按钮，画面中将原有图形与新建图形重叠的区域排除。

【合并形状组件】 单击该按钮，可以合并重叠的路径组件。

6.3.6 课堂案例：用钢笔工具抠图

钢笔工具特别适合抠取边缘光滑且具有不规则形状的对象，使用它可以非常准确地描摹出对象的轮廓，将轮廓路径转换为选区后便可选中对象。下面使用钢笔工具抠取图中的棒棒糖和杯子用于海报设计。

原图

抠图后

扫码看视频

操作思路　具体操作分3步：①使用钢笔工具将棒棒糖的外轮廓绘制成路径；②将路径转换为选区；③复制选区中的图像到新图层中，完成棒棒糖的抠图操作。

01 打开素材文件，如图6-54所示，选择钢笔工具 ，在工具选项栏中，设置绘图模式为【路径】，并选中【自动添加/删除】选项，如图6-55所示。

图6-55

图6-54

02 在左面杯口处单击绘制第1个锚点，在杯子把手转折处单击，添加第2个锚点并按住鼠标左键拖动来延长方向线，在拖动的过程中可以调整方向线的长度和方向，使曲线段与杯子边沿吻合，如图

6-56所示。按住【Alt】键单击端点，将下方延长线取消；在杯子把手底端单击添加第3个锚点，如图6-57所示。将鼠标放在第2、第3个锚点之间，此时鼠标指针变成添加锚点状 ，单击添加第4个锚点，如图6-58所示。按住【Ctrl】键拖动第4个锚点，并调整上下方向线的长度和角度，使曲线段的弧度与杯子把手弧度吻合，如图6-59所示。

图6-56

图6-57

图6-58

图6-59

03 在杯子左边底部单击添加第5个锚点，并按住鼠标左键拖动，延长方向线，如图6-60所示。按住【Alt】键，使右方延长线消失，在杯子右边底部添加第6个锚点并拖出延长方向线，调整杯底弧度，如图6-61所示。

图6-60

图6-61

04 按住【Alt】键，使锚点6右方延长线消失，在杯口右边添加第7个锚点并拖出延长方向线，调整杯面弧度，如图6-62所示。按绘制杯子的方法使路径与图形贴合，外轮廓贴合完后，在路径的起点上单击将路径封闭，如图6-63所示。

图6-62　　　　　　　　　　　　　　　图6-63

05 下面进行路径运算。在钢笔工具选项栏中选择路径运算方式为【排除重叠形状】 ，然后使用钢笔工具绘制轮廓对象中的空隙的路径，如图6-64所示。

06 单击工具选项栏中的【选区】按钮 选区... 或按【Ctrl+Enter】组合键，将路径转换为选区，如图6-65所示。按【Ctrl+J】组合键将选区中的图像复制到一个新图层中，完成抠图操作。图6-66所示为隐藏背景图层的抠图完成后的图像效果。

图6-64　　　　　　　　　图6-65　　　　　　　　　　　　图6-66

6.4 使用形状工具绘图

　　Photoshop中的形状工具有6种，矩形工具 、圆角矩形工具 、椭圆工具 、多边形工具 、直线工具 和自定形状工具 ，使用这些工具可以绘制出各种常见的矢量图形。下面结合实际应用介绍几种常用的形状工具的使用方法。

6.4.1 矩形工具

　　矩形工具 用来绘制矩形对象。矩形在平面设计中的应用非常广泛，下面就以绘制一个化妆品广告中的虚线框为例，介绍矩形工具的使用方法。

01 打开"化妆品广告"，如图
6-67所示。下面使用矩形工具在
化妆品的下方绘制一个矩形虚线
外框，以便美化画面。

图6-67

图6-68

02 单击工具箱中的矩形工具
按钮，在工具选项栏中设置绘图
模式为【形状】，设置【填充】
为 ▢，在【描边】选项中，设
置描边颜色为白色，将【描边类
型】设置为虚线，可以先预估一
个描边宽度值，其设置如图6-68
所示。在相应画面中按住鼠标左键
向右下角拖动，释放鼠标后即可绘
制一个矩形对象，如图6-69所示。

图6-69

03 从画面上看绘制的虚线太细，此时可以在【描边宽度】中修改数值，使虚线框的宽度合适，本例设置
【描边宽度】值为4点，修改数值后按【Enter】键确认，效果如图6-70所示。

图6-70

6.4.2 圆角矩形工具

圆角矩形工具的使用方法与矩形工具一样，使用圆角矩形工具 ▢ 可以绘制出圆角矩形对象。绘制出的
圆角矩形的四个角圆润、光滑，不像直角那样棱角分明。

在平面设计中为了区分类
别，突出文字，增加可读性，通
常使用图框将文字框选，如图
6-71所示，"五大优势"的外框
就是使用圆角矩形工具绘制的，
具体操作步骤如下。

图6-71

01 打开网店宣传海报，如图6-72所示。然后使用圆角矩形工具为右下方文字绘制一个圆角矩形外框。

图6-72

02 单击工具箱中的圆角矩形工具按钮，在工具选项栏中设置绘图模式为【形状】，设置【填充】为 ☑，在【描边】选项中将【描边类型】设置为【实线】，设置描边宽度值为0.64点，【半径】值为"10像素（半径数值越大，圆角越大），设置如图6-73所示。

图6-73

按住【Shift】键同时拖动鼠标，绘制一个圆角矩形，如图6-74所示。

03 按【Ctrl+J】组合键复制4个圆角矩形，然后对圆角矩形和文字进行对齐操作，完成效果如图6-75所示。

图6-74

图6-75

在平面设计中经常看到一种同时包含直角和圆角的图形，如图6-76中"周年特供商品"所用的图形，这种图形是如何绘制的呢？使用圆角矩形工具，并在工具选项栏设置好【填充】后直接在画面中单击，弹出【创建圆角矩形】对话框，在【半径】选项中可以设置矩形的四角是直角或圆角，当数值等于0时为直角，当数值大于0时为圆角，数值越大圆角半径越大；例图设置参数如图6-77所示，设置完成后单击【确定】按钮即可进行绘制。

图6-76

图6-77

6.4.3 椭圆工具

使用椭圆工具  可以绘制圆或椭圆，如图6-78中所示的圆形元素就是使用椭圆工具绘制的。椭圆工具的使用方法及选项都与矩形工具相同。具体使用方法这里就不赘述了。

图6-78

> **提示** **绘制图形快捷键**
>
> 使用矩形、圆角矩形或椭圆工具时，按住【Shift】键拖动鼠标可以创建正方形、圆角正方形或正圆形；按住【Alt】键拖动鼠标，会以单击点为中心创建图形；按住【Alt+Shift】组合键拖动鼠标，会以单击点为中心向外创建正方形、圆角正方形或正圆形。

6.4.4 多边形工具

多边形工具 ，用来绘制多边形（最少为3条），例如三角形、星形等。多边形在平面设计中的应用也非常广，例如标志设计、海报设计等。下面就以设计茶叶的Logo为例，介绍多边形工具的使用方法，如图6-79所示。

图6-79

01 单击菜单栏【文件】>【新建】命令，新建一个空白文档。单击工具箱中多边形工具 ，在工具选项栏中设置绘图模式为【形状】，设置【填充】为绿色，色值为"C58 M22 Y100 K0"（绿色给人印象是生机勃勃、健康，而使用绿色作为Logo色可喻意企业永远长青），将【描边】设置为 ，边数设置为6（边数设置为3，可创建三角形；边数设置为5，可创建五边形），如图6-80所示。在画布中按住鼠标左键拖曳，释放鼠标后即可绘制一个六边形（拖动时可以调整多边形的角度）如图6-81所示。

图6-80

图6-81

02 直接绘制的形状顶角是直的，如何绘制右侧例图这种带有平滑圆弧的顶角形状呢？在工具选项栏中单击 按钮，可以设置平滑拐角、星形等参数，本例选中【平滑拐角】【星形】和【平滑缩进】复选按钮并设置【缩进边依据】的参数为1%，如图6-82所示。按【Ctrl+Z】组合键撤销之前绘制的多边形，按新的设置进行绘制，效果如图6-83所示。

图6-82

图6-83

【平滑拐角】 选中该选项，可以创建具有平滑拐角的多边形。

【星形】 选中该选项，可以创建星形。在【缩进边依据】中可以设置星形边缘向中心缩进的数量，数值越高，缩进量越大，如图6-84、图6-85所示。选中【平滑缩进】选项，可以使星形的边缘平滑地向中心缩进，如图6-86所示。

【缩进边依据】值为50%

【缩进边依据】值为70%

【缩进边依据】值为70%并勾选【平滑缩进】

图6-84　　　　　图6-85　　　　　图6-86

03 按【Ctrl+J】组合键复制刚刚绘制的多边形，如图6-87所示，选中复制的图层单击多边形工具修改形状的颜色，在其工具选项栏中设置【填充】为白色，按【Enter】键确认，设置效果如图6-88所示。按【Ctrl+T】组合键并调整该形状，如图6-89所示，然后按【Shift+Alt】组合键由外向中心缩小图形，缩小后按【Enter】键确认，效果如图6-90所示。

图6-87　　　　　　　图6-88　　　　　　　图6-89　　　　　　　图6-90

04 在白色形状内添加文字和直线，完成茶叶Logo的制作，效果如图6-91所示；将制作好的Logo应用到企业名片中，效果如图6-92所示。

图6-91

图6-92

6.4.5　直线工具

使用直线工具 可以绘制直线和带有箭头的线段。直线的画法比较简单这里就不赘述。下面以一个停车指示牌为例，介绍如何使用直线工具绘制箭头。

01 打开素材文件夹中的"停车指示牌"文件，如图6-93所示。下面使用直线工具在画面中绘制向右指示的箭头。

02 在工具箱中单击直线工具。首先在选项栏中设置【填充】为白色，将【描边】设置为 ，【粗细】设置为80像素（数值越大，线段越宽），如图6-94所示。

图6-93

图6-94

单击 ⚙ 按钮在其下拉列表框中选中【终点】，设置【宽度】值为240%，【高度】值为240%，如图6-95所示。设置完成后，按住【Shift】键同时向右拖动鼠标可绘制带有箭头的线段，效果如图6-96所示。

图6-95

图6-96

【起点/终点】 选中【起点】后，绘制的线段起点部分为箭头；选中【终点】后，绘制的线段终点部分为箭头；同时选中【起点】和【终点】，绘制的线段两端都为箭头，如图6-97所示。

勾选【起点】　勾选【终点】　勾选【起点】和【终点】

图6-97

【宽度】 用于设置箭头部分宽度和线段宽度的百分比，范围为10%~1000%。图6-98、图6-99所示是分别为使用不同宽度百分比创建带有箭头的直线。

宽度：200%
长度：500%

宽度：500%
长度：500%

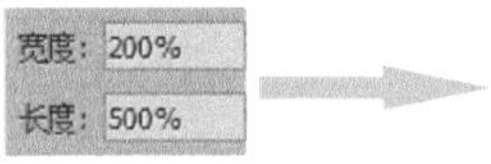

图6-98 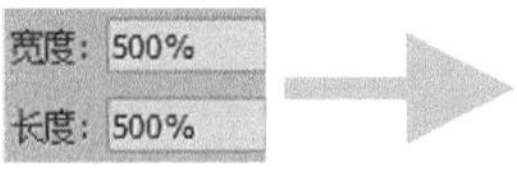　图6-99

【长度】 用于设置直线宽度与箭头长度的百分比，范围为10%~5000%。图6-100、图6-101所示是分别为使用不同长度百分比创建带有箭头的直线。

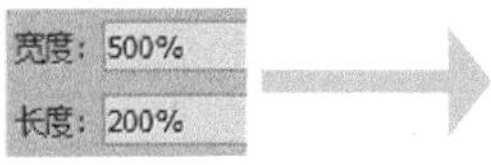

宽度：500%
长度：200%

宽度：500%
长度：700%

图6-100 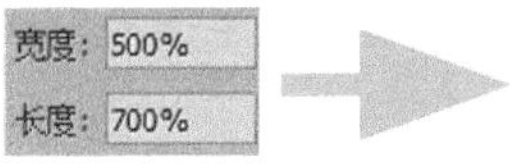　图6-101

【凹度】 用来设置箭头的凹陷程度，范围为-50%~50%。当数值为0%时，箭头尾部齐平，如图6-102所示；当数值大于0%时，向内凹陷，如图6-103所示；当数值小于0%时向外突出，如图6-104所示。

【凹度】值为0%　【凹度】值为50%　【凹度】值为-50%

图6-102　图6-103　图6-104

6.4.6 课堂案例：视频图标设计

图标的制作在移动UI设计中占有很重要的地位。下面我们综合使用圆角矩形工具、椭圆工具和多边形工具制一个视频图标，具体操作步骤如下。

操作思路 具体操作分两步：①分别使用圆角矩形工具、椭圆工具和多边形工具绘制圆角矩形、圆形和圆角三角形；②选中圆角矩形、圆形和圆角三角形执行对齐操作，效果如图6-105所示。

视频图标

扫码看视频

图6-105

01 单击菜单栏【文件】>【新建】命令，弹出新建对话框，设置【名称】为视频图标，【宽度】为500像素，【高度】为500像素，【分辨率】为300像素/英寸，【颜色模式】为【RGB 颜色】的空白文档。

02 单击矩形圆角工具，在工具选项栏中设置绘图模式为【形状】，设置【填充】为由深蓝到浅蓝的渐变，色值分别为"R70 G219 B236"和"R40 G89 B252"，【描边】设置为 ，【半径】值为20 像素，如图6-106所示。

图6-106

按住【Shift】键同时拖动鼠标可以绘制一圆角矩形，如图6-107所示。

图6-107

03 单击椭圆工具，在工具选项栏中设置绘图模式为【形状】，设置【填充】为白色，设置【描边】为 ，如图6-108所示。按住【Shift】键同时拖动鼠标绘制一个正圆，如图6-109所示。

图6-108

图6-109

04 单击多边形工具，在工具选项栏中设置绘图模式为【形状】，设置【填充】为蓝色，色值为"R53 G143 B245"，设置【描边】为 ，【边】为3，按住【Shift】键同时拖动鼠标绘制一个正三角形，如图6-110所示。将三角形尖角处理成圆角，选中三角形所在的图层，使用椭圆工具按住【Shift】键绘制，即可在三角形图层中绘制一个小正圆，使用路径选择工具将它移动到与三角形尖角相切的位置，该圆形与三角形之间的圆弧，就是三角形的圆角弧度，如图6-111所示；使用路径选择工具按住【Alt】键不放，移动并复制小正圆，将它移动到盖过三角形尖角的位置，该圆形用于减去三角形的尖角，如图6-112所示；在工具选项栏中单击【减去顶层形状】按钮，把三角形的尖角减掉，如图6-113所示；使用路径选择工具选中第一个小正圆，单击【路径排列方式】按钮，选中【将形状置为顶层】命令，将它置为顶层，完成一个三角形圆角的制作，如图6-114所示。

图6-110　　　　图6-111　　　　图6-112

119

使用路径选择工具选中这两个小正圆。按住【Alt】键不放，将这两个小正圆移动并复制到另外两个角上，移动到合适位置，如图6-115所示。

图6-113　　图6-114　　图6-115

05 选中三角形和小圆形所在的图层，单击【路径操作】中的【合并形状组件】按钮 ，合并重叠的路径，呈现圆角三角形路径，如图6-116所示。选中圆角矩形、圆形和多边形图层进行对齐，效果如图6-117所示。将该按钮应用到"任务个人中心UI界面"中，效果如图6-118所示。

图6-116　　图6-117

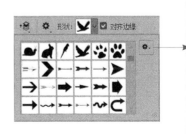

图6-118

6.4.7 自定形状工具

使用自定形状工具 ，可以绘制预设的形状，也可以绘制自定的形状或绘制外部载入的形状。选择该工具后，单击工具选项栏【形状】选项后面的 按钮，在下拉面板中选择一种形状，如图6-119所示，然后在画面中单击并拖动鼠标即可创建该图形，拖动时按住【Shift】键，可以保持形状的比例，如图6-120所示。

【载入形状库】 在形状下拉面板中，单击面板右上角的 按钮，打开菜单，菜单底部包含软件自带的预设形状，包括动物、箭头、艺术纹理等，如图6-121所示。

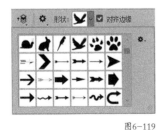

图6-119　　图6-120

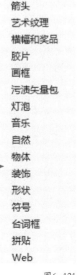

全部
动物
箭头
艺术纹理
横幅和奖品
胶片
画框
污渍矢量包
灯泡
音乐
自然
物体
装饰
形状
符号
台词框
拼贴
Web

图6-121

例如选中【箭头】项，会弹出一个提示对话框，如图6-122所示。单击【确定】按钮，载入的形状会替换面板中原有的形状；单击【追加】按钮，则可在现有形状的基础上添加载入的形状。

图6-122

另外，在该菜单中还可以载入光盘中或网上下载的外部形状，以及复位默认预设形状，如图6-123所示。

图6-123

载入形状 单击该命令，在打开的对话框中可以选择在光盘中的或已下载的形状文件，单击【载入】按钮即可将其载入【形状】的下拉面板中。

复位形状 单击该命令，在弹出的对话框中单击【确定】按钮，可以将面板恢复为默认的形状。

6.5 编辑路径

路径的大部分操作都是在【路径】面板中进行的，如新建路径、填充路径、路径和选区相互转换等；此外，使用路径还可以进行对齐与分布、变换、自定形状和改变堆叠顺序等操作。

6.5.1 用路径面板编辑路径

【路径】面板用于存储和管理路径。在【路径】面板中可以显示当前文档中包含的路径和矢量蒙版，并且在该面板中可以执行路径编辑操作，例如用前景色填充路径、画笔描边路径、路径与选区的相互转换，以及创建矢蒙版等操作。单击菜单栏【窗口】>【路径】命令，打开【路径】面板，单击该面板后面的扩展按钮 ≡，可以打开子菜单，如图6-124所示。

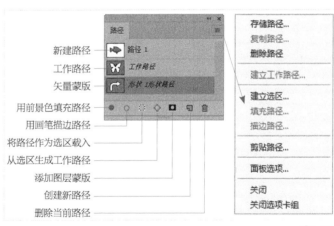

图6-124

路径/工作路径/蒙版路径 显示当前文档中包含的路径，临时路径（工作路径）和矢量蒙版路径。

【创建新路径】 使用形状工具或钢笔工具绘制路径前，先单击【路径】面板中的【创建新路径】按钮 ，可以创建一个新的路径层，该路径会保存到文档中。

【工作路径】 工作路径用于定义形状的轮廓，它是一种临时路径。在【路径】面板中，直接使用形状工具或钢笔工具创建的路径是工作路径，一旦重新绘制了别的路径，原有路径将被当前路径所代替。如果在以后的操作中还需要用到工作路径，可以将这段路径存储起来。

【**存储路径**】 双击工作路径缩览图，在弹出的【存储路径】对话框的文本框中输入路径名称，然后单击【确定】按钮，完成存储操作，如图6-125所示。

图6-125

【**将路径作为选区载入**】 单击该按钮，可以将路径转为选区，如图6-126所示。

【**从选区生成工作路径**】 单击该按钮，可以将选区转为路径，如图6-127所示。

图6-126

图6-127

显示与隐藏路径 单击【路径】面板中的路径，即可选中该路径，在文档窗口中会显示该路径，如图6-128所示；在【路径】面板中的空白处单击，可以取消选中路径，从而隐藏文档窗口中的路径，如图6-129所示。

显示路径

隐藏路径

图6-128

图6-129

添加矢量蒙版 单击该按钮，从当前路径创建蒙版，可从路径中生成矢量蒙版（关于矢量蒙版的相关内容见第11章）。例如，使用路径抠取图像时，除了可以将路径转为选区进行抠图外，还可以通过创建矢量蒙版显示抠取的部分，隐藏其余部分。在图像上创建路径，如图6-130所示，在【路径】面板中选中当前绘制的路径，然后单击【添加图层蒙版】按钮（单击2次），如图6-131所示，即可从路径中生成矢量蒙版，在画面中可以看到路径中内容显示，而背景隐藏，如图6-132所示。

图6-130

单击【添加矢量蒙版】按钮前　　单击【添加矢量蒙版】按钮后

图6-131

图6-132

【复制路径】 在【路径】面板中，将路径拖动到【创建新的路径】按钮 上即可复制该路径；或者使用路径选择工具选择画面中的路径，可以通过复制、粘贴命令，复制路径；还可以将路径粘贴到另一个文档中。

【删除当前路径】 单击该按钮可以删除当前选中的路径。

6.5.2 路径的其他编辑

对齐与分布 使用路径选择工具 选中多个子路径，单击工具选项栏中的对齐与分布按钮 ，在打开的下拉列表框中选中一个对齐与分布选项，即可对所选路径或形状进行对齐与分布操作，如图6-133所示。

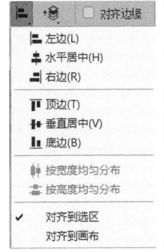

图6-133

路径变换操作 在【路径】面板中选择路径，单击菜单栏【编辑】>【变换路径】命令，可以显示路径变换框，拖曳控制点可对路径进行缩放、旋转和扭曲等操作。路径变换和图层变换原理一样，但路径（形状）的缩放方式与图层的缩放方式正好相反；直接缩放不能等比例缩放，按住【Shift】键可以实现等比例缩放。

路径堆叠顺序 选中一个路径后，单击工具选项栏中的 按钮打开下拉列表框，选中其中一个选项，可以调整路径的堆叠顺序，如图6-134所示。

图6-134

6.5.3 课堂案例：自定形状制作镂空花纹

要设计一个请柬封面，客户要求封面制作成镂空花纹，使请柬显得更高档、正式。绘制镂空花纹的具体操作如下。本例学习重点是，如何将自己绘制的形状保存为自定形状，使以后需要用到该形状时，可以随时使用，不必重新绘制。

效果

扫码看视频

操作思路 具体操作分3步：①将绘制好的花纹保存为自定形状；②使用自定形状工具在素材文件中绘制自定义的形状，将形状移动到合适位置；③在【路径】面板中将自定形状的路径载入选区，选中请柬封面图层按【Delete】键将选区中的图像删掉完成镂空图的制作。

01 打开素材文件中的"花纹"，想要将它定义为形状，先要将花纹的路径选中，使用路径选择工具在花纹上单击将它选中，如图6-135和图6-136所示。

图6-135　　　　　　　图6-136

02 单击菜单栏【编辑】>【定义自定形状】命令，打开【形状名称】对话框，输入名称"花纹"，如图6-137所示，单击【确定】按钮保存。

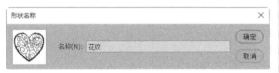

图6-137

03 打开素材文件中的"自定形状制作镂空花纹 原图"，如图6-138所示。

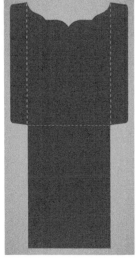

图6-138

04 单击自定形状工具，在工具选项栏中将绘图模式设置为【路径】，单击【形状】后面的按钮，在打开的下拉列表框中选中刚刚定义的形状，如图6-139所示。按住【Shift】键拖动鼠标在画面中绘制形状，如图6-140所示。

图6-139

图6-140

05 单击【路径】面板下方的【将路径作为选区载入】按钮，将路径转为选区，如图6-141所示。选中"图层 1"按【Delete】键将选区中的图像删掉，完成镂空花纹制作，如图6-142所示。

图6-141　　　　　　　图6-142

6.5.4 课堂案例：将模糊位图变成矢量清晰大图

如果想把一个复杂图形转为形状，但又不想用路径工具抠图怎么办？此时可以先将图形创建选区，然后转为路径，就能任意编辑。在本例中我们通过将一组清晰度较低的创意文字转为形状，使该文字应用在较大海报设计中时不至于失真。本例操作主要学习如何对路径形状进行修改。

扫码看视频

模糊位图

矢量清晰大图

操作思路 具体操作分3步：①创建位图图像选区；②在【路径】面板中将选区转为路径，使用直接选择工具和钢笔工具调整路径，使路径平滑并紧贴图形边缘；③将路径转换为形状并对其填充颜色。

01 打开素材文件"棒棒糖"，如图6-143所示。

图6-143

02 将文字创建选区。该图背景为白色并且文字边缘较为清晰，可以使用魔棒工具选取背景。在工具选项栏中取消选中【连续】选项，将鼠标指针移到画面背景上单击选中所有背景，如图6-144所示。按【Ctrl+Shift+I】组合键反选选区，选中文字，如图6-145所示。

图6-144

图6-145

125

03 将选区转为路径。单击【路径】面板中的【从选区生成工作路径】按钮◇，将选区转换为路径，如6-146所示。

图6-146

04 调整路径，使路径与文字边缘贴合。通过选区直接转换所生成的路径通常不够平滑，需要放大画面，对细节进行调整。使用直接选择工具，在路径上单击，显示路径上的锚点，单击锚点，拖动锚点两端的延长线，即可调整路径形状，如图6-147所示。路径调整过程中，为了使路径更平滑，还可以使用添加锚点工具和删除锚点工具进行调整，调整后效果如图6-148所示。

图6-147

图6-148

05 将路径转换为形状，更换文字颜色。使用钢笔工具，单击工具选项栏中的 形状 按钮，此时路径会自动被前景色填充并生成一个形状图层，"形状1"，将背景图层隐藏查看效果，如图6-149、图6-150所示。

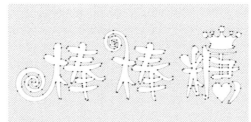

图6-149

图6-150

06 选中"形状1"图层，按【Ctrl+J】组合键，复制两个副本图层，如图6-151所示，分别重命名为"棒1""棒2""糖"，如图6-152所示（该操作的目的是为形状进行颜色填充）。

07 选中"棒1"图层，单击钢笔工具，将绘图模式设置为【形状】。在【填充】选项中设置颜色为绿色，【描边】为无描边；将"棒2"和"糖"图层隐藏。效果如图6-153、图6-154所示。

图6-151

图6-152

图6-153

图6-154

使用路径选择工具，将后面的两个字选中，按【Delete】键将其删除，如图6-155、图6-156所示。

图6-155

图6-156

08 在【图层】面板中显示"棒2"图层，将其他图层隐藏，设置【填充】为橘黄色，效果如图6-157所示。使用路径选择工具，将两边的文字选中，按【Delete】键将其删除，效果如图6-158所示。

图6-157　　　　　　　　图6-158

09 在【图层】面板中显示"糖"图层，将其他图层隐藏，在钢笔工具选项栏中，设置【填充】为蓝色，效果如图6-159所示。使用路径选择工具，选中前面的两个文字，按【Delete】键将其删除，效果如图6-160所示。

将另外两个形状图层显示，完成矢量清晰大图的制作，效果如图6-161所示。

图6-159　　　　　　图6-160　　　　　　　　　　　　　　　　　　图6-161

10 将转换为形状的文字应用到海报设计中，效果如图6-162所示。

图6-162

6.5.5 课堂实训：制作手机App返回按钮

做手机UI界面时，需要设计很多图标，本例介绍一种返回按钮的制作方法，希望读者举一反三，多加练习熟练掌握矢量工具的使用方法。将该按钮应用到"手机直播UI界面"中，效果如图6-163所示。

扫码看视频

操作思路　具体操作分两步：①使用圆角矩形工具绘制一个渐变色圆角矩形；②在圆角矩形图层的上方输入文字。

6.6　课后习题

1．在海报设计中经常使用一些矩形或圆形外框，来突出文字和装饰画面。在如图6-164所示的手机详情页里，需要为广告语绘制矩形外框，为产品特点绘制圆形外框，如何实现呢？

图6-163

图6-164

2．钢笔工具是重要的抠图工具和绘图工具。素材文件中有一张冰激凌图片，读者可在课后使用该图片反复练习，抠除背景后用于糕点的海报设计，来熟练掌握该工具的使用方法，如图6-165、图6-166所示。

图6-165

图6-166

第7章

文字的创建与编辑

本章内容导读

文字是各类设计作品中的常见元素，对设计作品的好坏起着重要的作用。Photoshop有非常强大的文字创建和编辑功能，使用该功能可以完成各类设计作品中对文字的编排要求。

重要知识点

● 熟练掌握文字工具的使用方法
● 掌握使用【字符】面板对文字属性进行更改
● 掌握使用【段落】面板对段落样式进行更改
● 掌握路径文字与变形文字的制作方法

学习本章后，读者能做什么

通过本章学习，读者可以在各种版面设计中制作所需要文字，例如海报设计、名片设计、书籍设计等，还可以结合前面所学的矢量绘图工具，制作Logo以及各种艺术字。

THE CREATION AND EDITING OF TEXTS

7.1 文字工具及其应用

文字不仅可以传递信息，还能起到美化版面、强化主题的作用，它是版面设计的重要组成部分。

7.1.1 文字工具组和文字工具选项栏

Photoshop工具箱中的文字工具组包含4种文字工具：横排文字工具 ，直排文字工具 、横排文字蒙版工具 和直排文字蒙版工具 ，如图7-1所示。

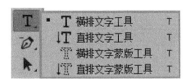

图7-1

横排文字工具和直排文字工具主要用来创建实体文字。横排文字工具输入的文字是横向排列的，是实际工作中使用最多的文字工具；直排文字工具输入的文字是纵向排列的，常用于古典文学或诗词的编排。这两个文字工具是这一小节中要详细介绍的对象。

横排文字蒙版工具和直排文字蒙版工具主要用来快速创建文字形状的选区，实际工作中使用较少，这里不做详细介绍。图7-2所示为使用不同文字工具的输入效果。

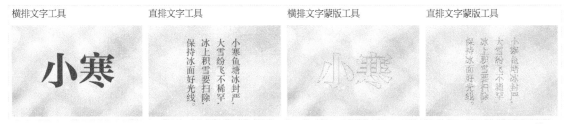

图7-2

由于不同字体、不同大小以及不同颜色的文字给人传达的信息不同，因此为了达到设计要求，在把文字输入版面之前，要对输入的文字进行属性方面的合理设置。使用文字工具的工具选项栏可以完成这些属性的设置。由于各种文字工具的工具选项栏的选项基本上相同，这里就以横排文字工具的工具选项栏为例进行介绍。单击横排文字工具，其工具选项栏如图7-3所示。

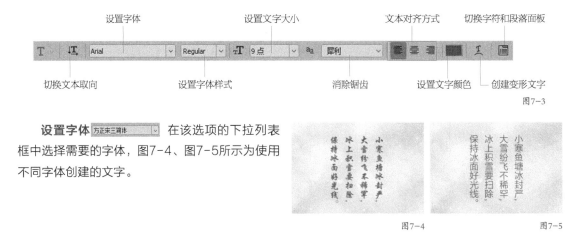

图7-3

设置字体 在该选项的下拉列表框中选择需要的字体，图7-4、图7-5所示为使用不同字体创建的文字。

图7-4　　　　　图7-5

设置字体样式 字体样式是单个字体的变体，如Regular（常规）、Bold（粗体）、Italic（斜体）和Bold Italic（粗体斜体）等，该选项只对部分字体有效。

设置文字大小  用于设置文字的大小。在该选项的下拉列表框中可以选择需要的字号，或直接输入文字大小值。图7-6、图7-7所示为使用不同文字大小创建的文字。

图7-6   图7-7

设置文字颜色 单击颜色块可以打开【拾色器】设置文字的颜色。图7-8、图7-9所示为不同文字颜色的对比效果。

图7-8   图7-9

【切换文本取向】  单击该按钮可使文本在横排文字和直排文字之间进行切换，如图7-10所示为将直排文字切换为横排文字的效果。

图7-10

文本对齐方式 根据文字输入时鼠标指针单击处的对齐方式来设置文本对齐方式，包括左对齐文本、居中对齐文本和右对齐文本。例如，在如图7-11所示的版面设计图中，中间那段文字选择【居中对齐文本】排版更合适一些。

左对齐文本

居中对齐文本

右对齐文本

图7-11

【创建变形文字】 单击该按钮，可以打开【变形文字】对话框，在对话框中设置变形文字（具体使用方法见7.1.7节）。

【切换字符和段落面板】 单击该按钮，可以打开或隐藏【字符】和【段落】面板。（【字符】面板的具体使用方法见7.1.4节，【段落】面板的具体使用方法见7.1.5节）。

消除锯齿 在该选项中选中【无】，表示不进行消除锯齿处理；【锐利】表示文字以最锐利的方式显示；【犀利】表示文字以稍微锐利的效果显示；【浑厚】表示文字以厚重的效果显示；【平滑】表示文字以平滑的效果显示。

7.1.2 创建点文本——较短文字输入

点文本输入特点：文字会始终沿横向（行）或纵向（列）进行排列，如果输入文字过多就会超出画面显示区域，这时需要手动按【Enter】键才能换行（列）。点文本常用于较短文字的输入，例如标题文字、海报上少量的宣传文字、艺术字等。

下面使用点文本输入网店春装海报中的主题文字，要求读者能熟练掌握文本的创建以及简单的文本编辑，具体操作步骤如下。

01 打开素材文件，如图7-12所示。

图7-12

02 创建点文本。单击工具箱中的横排文字工具 T ，在其选项栏中设置合适的字体、字号、颜色等文字属性，如图7-13所示，这些属性只是初步设置，如果感觉不合适还可以重新设置这些属性。然后在画面中合适的位置单击（单击处为文字的起点），此时会自动填写一串英文，以便提前看到文字效果，该串英文默认是被全部选中的，如图7-14所示，直接输入文字"EARLY SPRING"就自动替换了默认英文，文字沿横向进行排列，如图7-15所示。

文字设置为白色，色值为"R255 G255 B255"，使它在版面上更干净、显眼

图7-13

图7-14

图7-15

03 单击工具选项栏中的 ☑ 按钮（或按【Ctrl+Enter】组合键），即可完成文字的输入，此时【图层】面板中会生成一个文字图层，如图7-16所示。

图7-16

04 换行。在该版面中，若英文排一行，位置明显不够，版式紧张，此时可以考虑换行，排成两行。将鼠标指针移至需要换行的文字前单击，文本中出现闪烁的光标，此处被称作"插入点"，如图7-17所示，此时按【Enter】键可以换行，如图7-18所示。

图7-17

图7-18

05 版面中的文字有点小，需要调大。当鼠标指针在插入点处时，按【Ctrl+A】组合键可选中全部文本，如图7-19所示。在工具选项栏中将"文字大小"值调大，效果如图7-20所示。

图7-19

图7-20

06 移动文本至合适位置。在文本处单击，然后将鼠标指针放在文本外，当鼠标指针呈 ▸↔ 状时，单击并拖动鼠标，将文字移至合适的位置，如图7-21所示，单击工具选项栏中的按钮结束文字的编辑，如图7-22所示。

图7-21

图7-22

07 输入其他文本。使用同样的方法在画面左侧输入其他文字并设置合适的属性，如图7-23所示。

图7-23

💡提示 使用文字工具在画面中单击，就会自动填写一串英文，如果不想用该功能，可以单击菜单栏【编辑】>【首选项】>【文字】命令，在打开的【首选项】对话框中，取消选中【使用占位符文本填充新文字图层】选项，如图7-24所示。修改完成后，再创建文本时就不会自动填写一串英文。

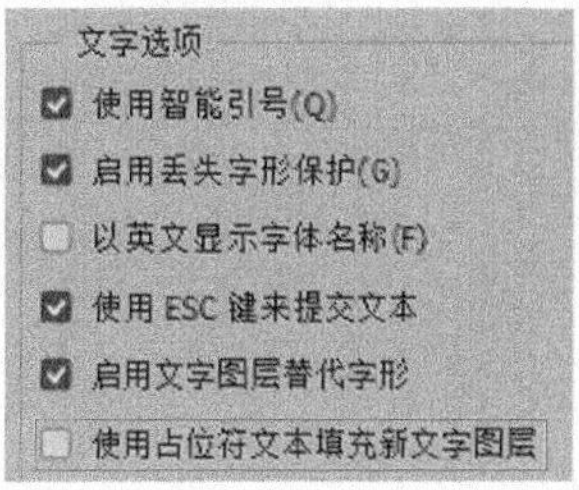

文字选项

☑ 使用智能引号(Q)

☑ 启用丢失字形保护(G)

☐ 以英文显示字体名称(F)

☑ 使用 ESC 键来提交文本

☑ 启用文字图层替代字形

☐ 使用占位符文本填充新文字图层

图7-24

7.1.3 创建段落文本——较长文字输入

段落文本输入特点：可自动换行（列），可调整文字区域大小。它常用在文字较多的场合，例如报纸、杂志、企业宣传册中的正文或产品说明等。

段落文本输入方法：单击横排文字工具或直排文字工具后在画布中单击并拖动出一个界定框，框内呈现闪烁的插入点，输入文字后单击选项栏中的按钮✓（或按【Ctrl+Enter】组合键），即可完成文字的输入。

设计海报时，有时在画面中插入一段描述性的文字可以更好地配合画面，突出反映的主题。例如，在上一例图的版面设计中，在画面的右侧添加了一段赞美春天的文字，既能烘托画面的主题，又充实了画面，使排版风格更加具有文艺气息，如图7-25所示，该文字就是使用段落文本进行输入的。其具体操作步骤如下。

图7-25

01 打开素材文件，单击直排文字工具 IT.，在工具选项栏中设置合适的字体、字号、字体颜色等，如图7-26所示。在画面中单击并拖动出一个文本框，输入汉字和英文，如图7-27、图7-28所示。

微软雅黑字体具有笔画粗细一致、辨析度高的特点，常用于海报中字号较小的内文和说明文字等。因此文本框里的中文选用小号的微软雅黑字体（小、粗）与左面大号的小标宋主题文字（大、细）进行搭配，使排版既有层次又不显呆板。

字体颜色选用海报的背景色，色值为"R251 G123 B37"，它可使版面显得更加协调，同时该文字的颜色与浅色底又形成一定的明度对比，便于阅读。

Lithos Pro 字体的特点是带有一定的弧度，其笔画粗细微软雅黑字体较为接近。因此文本框里的英文选用大号的 Lithos Pro 字体与中文的微软雅黑字体搭配，使文字组合灵活统一。

图7-26

图7-27

图7-28

02 调整文本框大小。如果要调整文本框的大小，可以将鼠标指针移动到文本框控制点处，然后按住鼠标左键拖动即可，随着文本框大小的改变，文字也会重新排列，如图7-29所示。

图7-29

03 单击选项栏中的按钮☑（或按【Ctrl+Enter】组合键），完成文字的输入，如图7-30所示。

图7-30

还可以对文本框进行缩放文字和旋转文字等操作。

缩放文字 按住【Ctrl】键同时拖动控制点，可以等比例缩放文字，如图7-31所示。

旋转文字 将鼠标指针移至定界框外，当鼠标指针变为弯曲的双箭头时拖动鼠标可以旋转文字，如图7-32所示。如果同时按住【Shift】键，则以15°为增量角进行旋转。

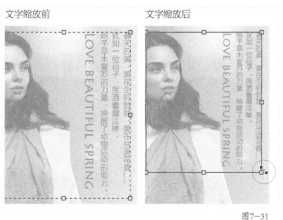

图7-31

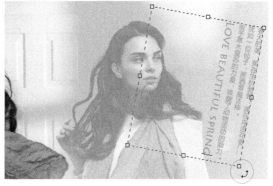

图7-32

7.1.4 使用【字符】面板

【字符】面板和文字工具选项栏一样，也用于设置文字的属性。【字符】面板提供了比工具选项栏更多的选项，在文字工具选项栏中单击【切换字符和段落面板】按钮，打开【字符】面板，如图7-33所示，在该面板中字体、文字大小和颜色的设置选项都与工具选项栏中相应的选项相同，下面介绍面板中其他选项的应用。

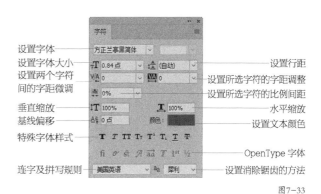

图7-33

135

水平缩放 /**垂直缩放** 水平缩放用于调整单个字符的宽度，垂直缩放用于调整单个字符的高度。当这两个百分比相同时，可进行等比缩放；不同时，可进行不等比缩放。使用直排文字工具，在需要输入文字的位置单击，输入文字，【水平缩放】与【垂直缩放】值均为100%，如图7-34所示；当【垂直缩放】值为150%，【水平缩放】值为100%，字符显示效果如图7-35所示；当【垂直缩放】值为100%，【水平缩放】值为150%，字符显示效果如图7-36所示。

设置行距 用于调整文本行之间的距离，数值越大间距越宽。图7-37所示为分别设置不同的行距的效果。

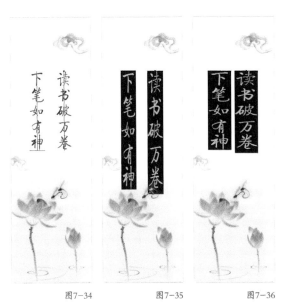

图7-34　　　　图7-35　　　　图7-36

图7-37

设置两个字符间的字距微调 用来调整两字符之间的间距，在操作时首先要在两个字符之间单击，设置插入点，如图7-38所示，然后再调整数值。图7-39所示为增加该值后的文本，图7-40所示为减少该值后的文本。

图7-38　　　　图7-39　　　　图7-40

设置所选字符的字距调整 选中了部分字符时，在该选项输入数值，可调整所选字符的间距，如图7-41所示；没有选择字符时，在该选项输入数值，可调整所有字符的间距，如图7-42所示。

调整选中文字间距　　　　调整所有文字间距

图7-41　　　　图7-42

设置所选字符的比例间距 通过该选项也可以设置选定字符的间距，但以比例为依据。选中字符后，在下拉列表框中选择一个百分比，或直接在文本框中输入一个整数，即可修改选定文字的比例间距，选择的百分比越大，字符间的距离就越小。

设置基线偏移 该选项用于控制字符与基线的距离，使用它可以升高或降低所选字符。

特殊字体样式 该选项组提供了多种设置特殊字体的按钮，从左到右依次是仿粗体、仿斜体、全部大写字母、小型大写字母、上标、下标、下划线和删除线8种。选中要应用特殊效果的字符以后，单击这些按钮即可应用相应的特殊字符效果，如图7-43所示。同一个字符可以叠加应用多个特殊字体样式，如图7-44所示。

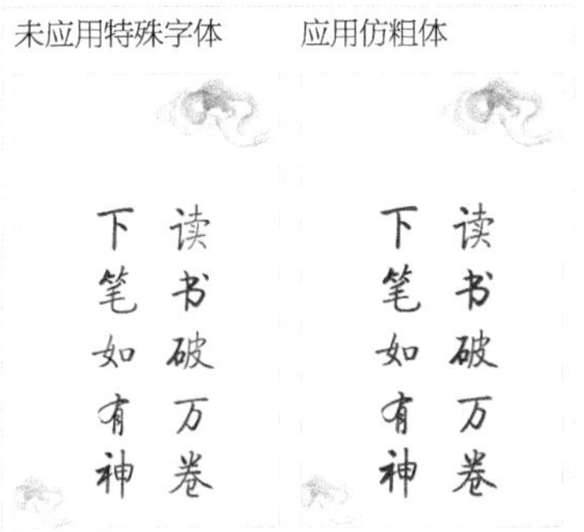

未应用特殊字体　　应用仿粗体　　应用仿粗体和下划线

图7-43 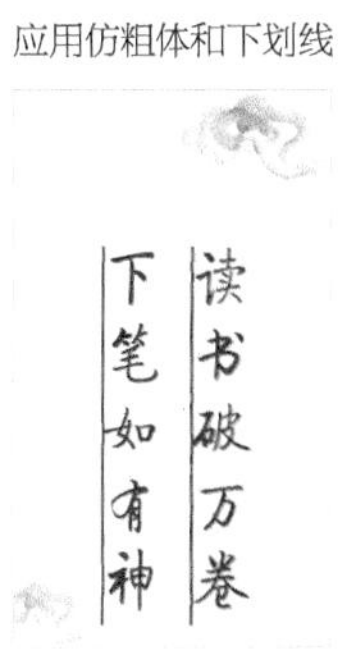　　图7-44

💡 **提示** 根据中文汉字的使用习惯，使用直排文字时，文字会以从右向左的方向进行输入。

📖 **职场经验** **点文本与段落文本相互转换**

如果要将点文本转换为段落文本，就要先选中段落文本图层，单击菜单栏【文字】>【转为段落文本】命令；如果要将段落文本转为点文本，则单击菜单栏【文字】>【转换为点文本】命令。

7.1.5 使用【段落】面板

【段落】面板中的选项可以用来设置段落的属性，如文本对齐方式、缩进方式、避头尾法则等。在文字工具选项栏中单击【切换字符和段落面板】按钮🔳，打开【段落】面板，如图7-45所示。

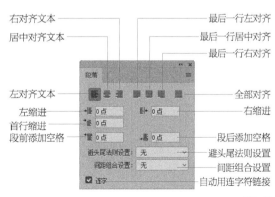

图7-45

在画面中创建段落文本后，就需要对段落文本进行编辑使文字排列整齐划一，符合排版要求；比如要解决以何种方式对齐段落文本，如何设置首行缩进，如何控制段前段后距离等问题。下面通过介绍如图7-46所示的一本旅游宣传画册内页中一段文字（画面左侧段落文字）的编辑处理方法，详细介绍如何使用【段落】面板来编辑段落文本。

图7-46

在画面中创建段落文本，如图7-47所示，下面使用该段落进行段落对齐、段落缩进、设置段前段后距离等操作。

图7-47

设置段落对齐方式

【段落】面板的最上面一排按钮用来设置段落的对齐方式，通过它们可以将文字与段落的某个边缘对齐。前3个分别为【左对齐文本】【居中对齐文本】【右对齐文本】按钮，这3种对齐方式在文字工具选项栏中已经介绍过这里不再赘述。

【最后一行左对齐】▤ 最后一行左对齐，其他行左右两端强制对齐，如图7-48所示。本例应用【最后一行左对齐】。

【最后一行居中对齐】▤ 最后一行居中对齐，其他行左右两端强制对齐，如图7-49所示。

【最后一行右对齐】▤ 最后一行右对齐，其他行左右两端强制对齐，如图7-50所示。

【全部对齐】▤ 段落所有行左右两端强制对齐，常用于价目表、目录、节目单等段落文字的排列，如图7-51所示。

最后一行左对齐　　　　　　最后一行居中对齐　　　　　　最后一行右对齐　　　　　　全部对齐文本

图7-48　　　　　　　　图7-49　　　　　　　　图7-50　　　　　　　　图7-51

💡 提示　**直排文字对齐方式**

当文字直排（即纵向排列）时，对齐按钮的图标会发生一些变化，如图7-52所示，但功能与"横排文字对齐方式"类似。

图7-52

设置段落的缩进方式

缩进是指文本行两端与界定框之间的间距，比如书籍正文常用到的是首行缩进。图7-53所示为将文字进行【最后一行左对齐】后，使用不同的缩进方式文本缩进效果。

【左缩进】 横排文字从段落左边缩进，直排文字从段落顶端缩进。

【右缩进】 横排文字从段落右边缩进，直排文字从段落底端缩进。

【首行缩进】 用于设置段落文本每个段落的第一行向右（横排文字）或第一列文字向下（直排文字）的缩进量。本例未使用该缩进方式。

左缩进 20 点　　　　　　右缩进 20 点　　　　　　首行缩进 20 点

图7-53

📋 **职场经验**　**首行缩进参数设置方法**

以选中字符的大小数乘以2：如果文字的大小为9，那么首行缩进量一般应设置为18；即两个字符的空间。

设置段落间距

　　【段前添加空格】按钮和【段后添加空格】按钮，用于控制所选段落的间距。其中用于设置插入点所在段落与前一个段落之间的距离，用于设置插入点所在段落与后一个段落之间的距离。例如，

将光标放到"旅行，让你变得有勇气去改变"中，如图7-54所示，然后分别将段前和段后间距设置为5点，效果如图7-55、图7-56所示。

插入点所在段落　　　　　插入点所在段落段前距离　　　　　插入点所在段落段后距离

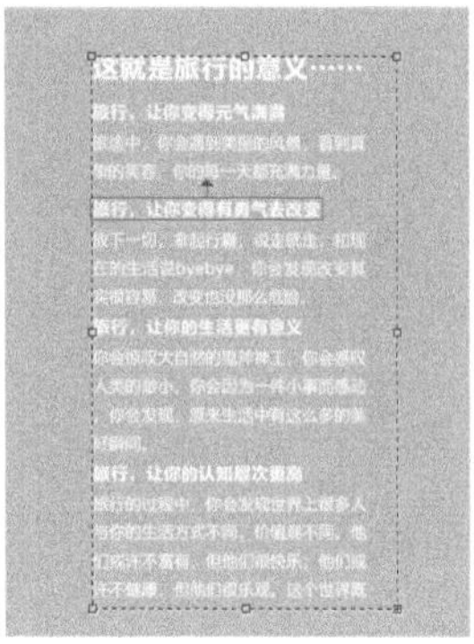

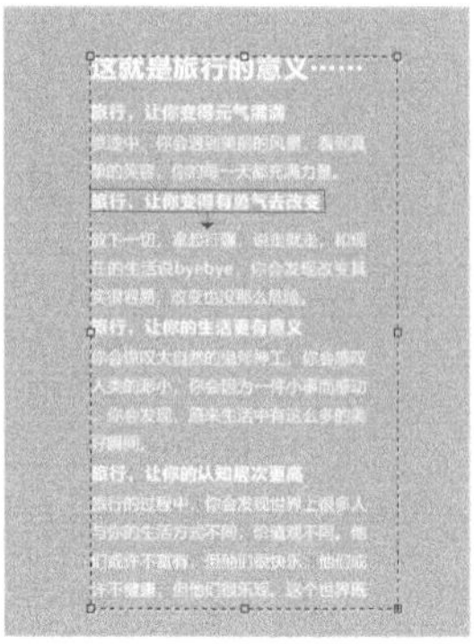

图7-54　　　　　　　　　　　图7-55　　　　　　　　　　　图7-56

避头尾法则设置

　　在汉字书写过程中，标点符号通常不会位于每行文字的起始处或结尾处，如图7-57所示。在【避头尾法则设置】选项栏中，选择【JIS严格】或【JIS宽松】选项时，可以防止在一行的开头或结尾出现不符合汉字排版规则的情况，如图7-58、图7-59所示。

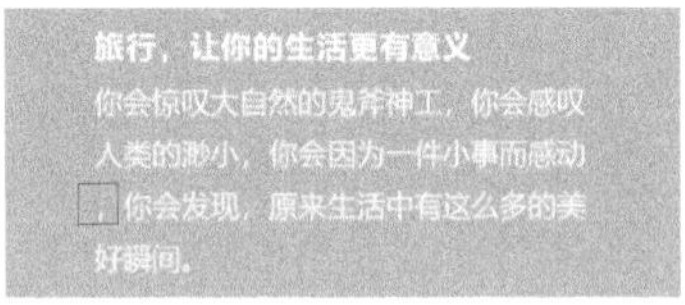

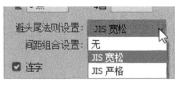

图7-57　　　　　　　　　　　图7-58 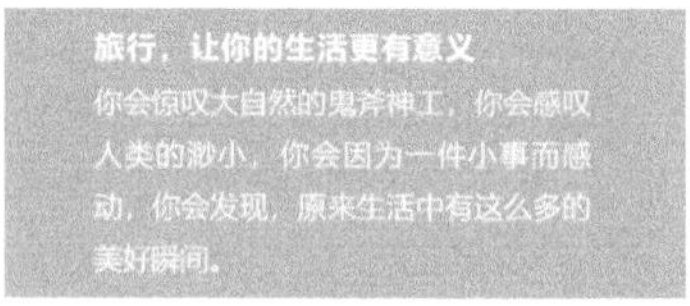　　　　　　　　　　　图7-59

💡**提示**　　使用段落文本创建文本时，当文字超出定界框时，定界框右下角的控制点变成-田 形状，如图7-60所示，这种情况被称为文本溢出，此时需要重新调整定界框大小，以显示所有文本，如图7-61所示。

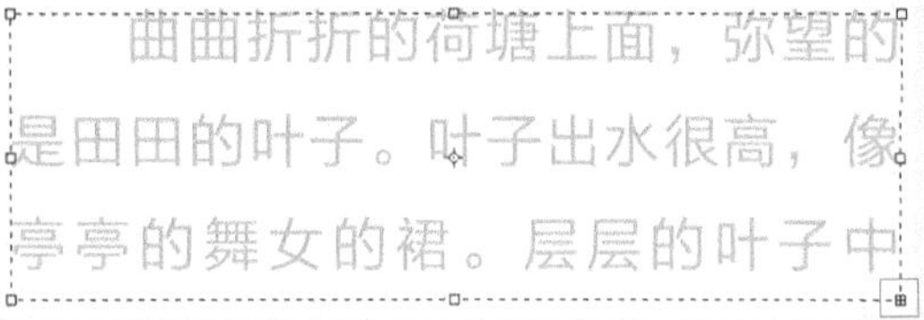

图7-60 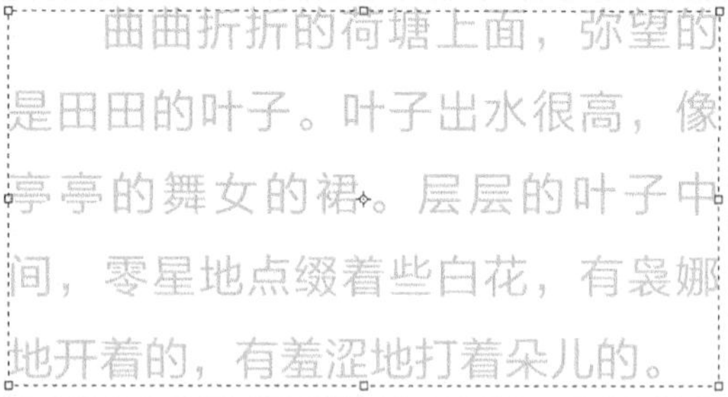　　　　　　　　　　　　　　　　　　　图7-61

7.1.6　创建路径文字

　　点文本和段落文本的排列都是比较规则的，但有时候我们需要一些不规则排列的文字以达到不同的效果，比如文字围绕某个图像周围排列。这时就要用到"路径文字"。

"路径文字"可以让文字按照用户想要的方式排列，使用钢笔工具或形状工具绘制路径，在路径上输入文字后，文字会沿路径排列，改变路径形状后，文字的排列方式也会随之改变。路径文字可以是闭合式的，也可以是开放式的。下面通过一组促销类广告中路径文字的使用，介绍如何创建路径文字，具体操作如下。

01 打开素材文件，如图7-62所示。

图7-62

02 为了制作路径文字，需要先绘制路径，如图7-63所示。

图7-63

03 将横排文字工具移动到路径上并单击，此时路径上出现了文字的插入点，如图7-64所示。

图7-64

04 输入文字后，文字会沿路径进行排列，如图7-65所示。

图7-65

05 改变路径形状时，文字排列方式也会随之发生变化，如图7-66所示。

图7-66

06 完成路径文字输入后，在画面空白处单击即可隐藏路径。将该文字应用到促销广告文字组合中，效果如图7-67所示。

图7-67

🔗 **相关链接** 组合中的文字添加了暗色的描边样式效果（关于描边样式的具体应用见第4章）。

7.1.7 创建变形文字

在制作艺术字时，经常需要对文字进行变形操作，这时就需要使用"变形文字"。下面通过制作一个简单的母亲节贺卡，介绍如何使用变形文字，具体操作如下。

01 打开素材文件，使用横排文字工具，在工具选项栏中设置字体、字号、文字颜色等，如图7-68所示，然后在画布中创建一个点文本，如图7-69所示。

字体颜色选用玫红色，色值为"R242 G71 Bl37"，使用该颜色既能体现节日的温馨，又能与卡图画色彩搭配协调。

图7-68

图7-69

02 单击工具选项栏中的【创建文字变形】按钮 工 ，打开变形文字对话框，在【样式】下拉列表框中

包含多种文字变形样式，选择不同
变形方式产生的文字效果不同，并
且可以通过在该对话框中设置【弯
曲】【水平扭曲】【垂直扭曲】等
参数来设置文字的变形程度。例图
文字选择【扇形】，设置【弯曲】
值为+40%，如图7-70所示，应用
变形后的效果如图7-71所示。

图7-70　　　　　　　　　　　图7-71

7.1.8 课堂案例：宠物店狗粮促销海报

本例为制作以狗粮促销为主题的宠物网店宣传
海报。通过文本字体、大小的搭配组合，进一步巩
固点文本的输入这一知识点。具体操作步骤如下。

扫码看视频

操作思路 分析顾客心理需求，主题卖点简洁精确，构图合理，
具有吸引力，具体操作分3步：①本例以黑白图片为主图，使用一
种暖色调的文字颜色，通过精简朴实的元素构成版面，灰底上设置
彩色字呈现强烈的诉求力；②添加素材，调整位置和大小；③输入
文本，注意文本字体、颜色和大小的搭配组合。制作完成后效果如
图7-72所示。

01 新建大小为750×1056像素，【分辨率】为72像素/英寸，【名
称】为"天然营养狗粮"的文件。

图7-72

02 打开素材文件中的"狗狗"图片，将它拖动到"天然营养狗粮"文件中，调整位置和大小，
将"背景"填充为灰色（该颜色为和狗狗图片的背景色统一），色值为"R234 G236 B235"，效
果如图7-73所示。

03 使用横排文字工具，输入主题
文字。将字体设置为方正兰亭粗
黑简体，文本颜色设置为"R184
G64 B8"（本例所有文字都用该
颜色），字体大小为90，输入第一
排文字；将字体更改为方正兰亭黑
简体，字体大小更改为38.5，输入
第二排文字；将字体更改为方正
兰亭超细黑简体，字体大小更改
为19.5，输入第三排文字，将图
层【不透明度】设置为76%，
效果如图7-74所示。

图7-73　　　　　　　　　　　图7-74

04 使用矩形工具，将填充颜色设置为"R184 G64 B8"，在第二排文字两边各绘制一条直线，并将它们的图层【不透明度】设置为60%。然后将填充设置为无颜色，将【描边粗细】设置为2像素，在第三排文字下方创建边框，使用移动工具按住【Alt】键移动并复制一个边框，效果如图7-75所示。使用横排文字工

具，将字体设置为方正兰亭黑简体，字体大小为38.5，在左侧边框内输入促销内容，将字体更改为方正兰亭粗黑简体在右侧边框内输入"限时抢购"，如图7-76所示。

图7-75　　　　　　　　　　　　　图7-76

05 使用横排文字工具，将字体设置为微软雅黑，字体大小为94.5，在图片的右侧输入促销时间；将字体大小更改为43.5，输入配送方式和促销方式，如图7-77所示。使用图层对齐命令将上方的文字【水平居中对齐】，将右侧文字【水平居中对齐】，完成本例的制作，如图7-78所示。

图7-77　　　　　　　　　　　　　图7-78

7.1.9 课堂实训：制作饮品店价目单

价目单是美食店面用于展示商品价格，便于顾客快速点餐、消费的广告推销方式。读者通过本例可以熟练掌握段落文本的创建和编辑，具体操作如下。

扫码看视频

操作思路 本例提供带底图装饰的素材，只需要在文件中输入文本即可，具体操作分3步：①使用点文本输入价目类别；②使用段落文本输入具体饮品与甜品的名称和价格，输入文字时要注意文本的行间距和对齐方式（价目单一般选用"全部对齐"方式）的设置；③输入文本，注意文本字体、颜色和大小的搭配组合。制作完成后效果如图7-79所示。

图7-79

7.2 文字的特殊编辑

在Photoshop中除了可以使用【字符】和【段落】编辑文本外，还可以通过命令来编辑文字，如将文字转为路径、栅格化等操作。

7.2.1 基于文字创建工作路径

基于文字创建工作路径，可以通过调整锚点设计变形字体。下面介绍怎样利用该功能制作一款简单的美食Logo。

01 输入文字，如图7-80所示。

图7-80

02 单击菜单栏【文字】>【创建工作路径】命令，可以基于文字生成路径，原文字图层保持不变，如图7-81所示（为了观察路径，隐藏了文字图层）。

图7-81

03 使用直接选择工具与删除锚点工具结合调整路径形状，效果如图7-82所示。

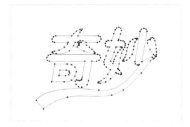

图7-82

04 设置前景色设置为白色，单击钢笔工具，在其工具选项栏中将绘图模式设置为【路径】，单击其工具选项栏中的按钮，此时路径会自动用前景色填充并生成一个形状图层"形状 1"，将背景图层隐藏查看效果，如图7-83、图7-84所示。

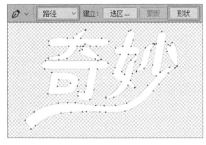 

图7-83   图7-84

05 打开素材文件中的Logo底图，如图7-85所示。使用移动工具将"形状 1"图层拖曳到Logo底图中，按【Ctrl+T】组合键调整大小，完成Logo的设计，如图7-86所示。

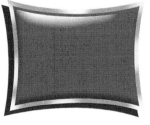 

图7-85   图7-86

7.2.2 栅格化文字

部分【滤镜】效果和绘画工具不可用于文字图层，必须在应用命令或使用工具之前将文字栅格化，使文字变为图像。注意文字栅格化后不能再作为文本进行编辑。选中文字图层并单击【图层】>【栅格化】>【文字】命令，或者直接在文字图层上右击鼠标，单击【栅格化文字】命令，即可将文字栅格化。

7.3 课后习题

本习题为制作网络女装店铺海报。由于网店海报一般要求简洁大气，因此在设计时不用过多装饰，可采用较正规的文字和简单的图形来体现。

操作思路 具体操作分3步：①根据季节性、款式特点，确定主色调为黄色；②填充背景：使用钢笔工具绘制形状并填充颜色，再进行页面的大致构图；③在页面左侧添加文字，使用横排文字工具创建点文本并输入文本，使用圆角矩形和直线工具绘制图形；在页面右侧添加女装模特素材。制作完成后效果如图7-87所示。

图7-87

第**8**章

图层的高级应用

本章内容导读

本章主要讲解图层的透明效果、图层混合模式与图层样式的功能以及它们在工作中的应用。

重要知识点

● 掌握图层不透明度的设置与应用
● 掌握图层混合模式的设置与应用
● 熟练掌握图层样式的使用方法
● 掌握【样式】面板的使用方法

学习本章后，读者能做什么

读者能通过控制图层不透明度确定广告设计中主体、配体与背景之间的关系；能制作广告设计、摄影后期处理中所需要的多个图层的混合效果；能设计各种海报、包装、宣传单页、网店主图中所需要的图层样式。

ADVANCED APPLICATIONS OF LAYERS

8.1 图层不透明度的应用

在Photoshop中可以对每个图层进行不透明度的设置。对顶部图层设置半透明的效果，就会显露出它下方图层的图像内容。不透明度的设置用于两个或两个以上的图层。

想要设置图层不透明度，就需要在【图层】面板中进行设置。在设置不透明度前要在【图层】面板中选中需要设置的图层，在【图层】面板顶部的【不透明度】选项后方的文本框中直接输入数值，即可设置图层的不透明度。该功能经常用于淡化画面中的某些元素以便更加突出主体。下面以一个水果促销广告设计为例讲解该功能的使用方法。

01 打开素材文件，如图8-1所示，可以看出画面中水果太多，主体不突出。

02 为了降低画面中左侧和右侧的菠萝的不透明度，先选中它们所在的两个图层，如图8-2所示。

图8-1　　　　　　　　　　　　　　　　　　　　　　图8-2

03 在【图层】面板上方【不透明度】选项中输入15%，降低这两个图层的透明度，如图8-3所示，调整后画面中左侧和右侧的菠萝被淡化了，主体更突出，如图8-4所示。

图8-3　　　　　　　　　　　　　　　　　　　　　　图8-4

8.2 图层混合模式的应用

图层的"混合模式"决定了当前图层与它下面图层的混合方式，通过设置不同的"混合模式"可以对图像的颜色进行相加或相减等操作，从而制作出特殊效果。

想要使用图层的混合模式，同样也需要在【图层】面板中进行设置，并且图层混合模式也是用于两个或两个以上的图层。

在【图层】面板中选中一个图层，单击【设置图层混合模式】按钮 ✓，可弹出如图8-5所示的下拉列表框，单击其中任一选项即可为图层设置混合模式，默认情况下图层显示的混合模式为【正常】。

混合模式分为6组，共27种，每组通过横线间隔开，分别为组合型、加深型、减淡型、对比型、比较型和色彩型，每一组混合模式都可以产生相似的效果，或具有相近的用途，在日常工作中通常用到前4组混合模式。

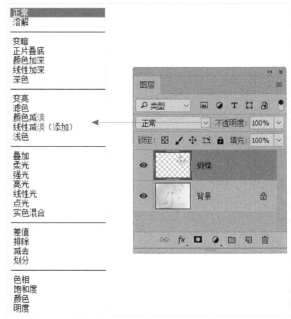

职场经验　快速查看混合效果

在选中某一混合模式后，保持混合模式按钮处于选中状态，然后滚动鼠标滚轮，即可快速查看各种混合模式的效果。

图8-5

在使用"混合模式"前，首先要了解"混合模式"的3个基本术语：基色、混合色和结果色。"基色"指当前图层之下的颜色，"混合色"指当前图层的颜色，"结果色"指基色与混合色混合后得到的颜色。

组合型

组合型模式包括【正常】【溶解】两种混合模式。使用这两种混合模式，需要降低当前图层的不透明度才能看到图像起到的混合作用。以【溶解】模式为例，设置该混合模式后，降低当前图层不透明度后，它将以散落的点形状叠加到它下方图层上。例如，打开一张冬日雪景照片，在背景层上方创建一个图层并

填充白色，设置该图层的"混合模式"为【溶解】，将该图层的透明度降低，即可快速制作出雪花飘舞的效果，如图8-6所示。

图8-6

加深型

加深型模式组包含【变暗】【正片叠底】【颜色加深】【线性加深】【深色】5种混合模式。该模式组中的混合模式主要是通过过滤当前图层中的亮调像素，达到使图像变暗的目的。当前图层中的白色像素不会对下方图层产生影响，比白色暗的像素会加深下方图层中的像素。该模式组中混合模式的效果基本相似，只是图像明暗程度不一样。下面以该模式组中常用到的【正片叠底】模式为例进行讲解。

【正片叠底】模式就是当前图层中的像素与底层的白色像素混合时保持不变，与底层的黑色像素混合时则被其替换。混合结果通常会使图像变暗。下面通过两张风景照片的合成效果来讲解该混合模式的使用方法。

01 打开一张风光照片，如图8-7所示，可以看到画面的色彩很平淡。下面用一张彩色水面照片与该照片混合，来增强画面的色彩，使其更具有感染力。

02 打开素材文件中的水面照片，如图8-8所示。

图8-7 　　　　　　　　　　　　图8-8

03 使用移动工具将水面拖动到风光照片中，生成"图层 1"，在【图层】面板中，将"图层 1"的混合模式设置为【正片叠底】，叠加后可以看到风光照片中白色像素区域对彩色"水面"不起作用，而黑色部分的区域替换了彩色"水面"相应位置的图像。这样平淡的风光照片就有了绚丽的色彩，如图8-9所示。

图8-9

除了合成图像外，【正片叠底】还可以用来压暗画面亮度，抑制曝光过度，增加画面厚重感。

01 打开一张曝光过度的照片，如图8-10所示。压暗画面这种混合模式是图像自身的混合，因此需要两个相同的图像完成，按【Ctrl+J】组合键复制背景图层创建一个副本，将复制的图层的混合模式设置为【正片叠底】模式，如图8-11所示。

02 操作完成后照片的色彩厚重很多，原先不显眼的颜色也被凸显出来了，如图8-12所示。

图8-10 　　　　　　　图8-11

图8-12

减淡型

　　减淡型模式组包含【变亮】【滤色】【颜色减淡】【线性减淡（添加）】和【浅色】5种混合模式。该模式组中的混合模式主要是通过过滤当前图层中的暗调像素，达到使图像变亮的目的。当前图层中的黑白色像素不会对下方图层产生影响，比黑色亮的像素会加亮下方图层中的像素。该模式组中模式的效果基本相似，只是图像变亮程度不一样。下面以该模式组中常用到的【滤色】模式为例进行讲解。

　　【滤色】与【正片叠底】混合模式产生的效果正好相反，它可以使图像产生漂白的效果。【滤色】模式也常用于图像的合成，下面通过该模式制作双重曝光效果。双重曝光是一个专业的摄影术语，指在同一张底片上进行多次曝光，由于它呈现出一种特别的视觉效果而深受摄影爱好者的喜爱，不少相机自带双重曝光功能。那么，没有这个功能该如何实现这种效果？其实，在Photoshop中使用两张或多张照片，通过简单的几步操作也可以制作出双重曝光效果。在制作双重曝光时，画面要有预先的构想，需要有主次，比如制作人物和风景的双重曝光效果时，主体以人物为主的话，在选取风景照片时就要考虑风景的色彩、造型等要和人物搭配，并且混合后的画面效果不能杂乱无章。

01 打开素材文件，如图8-13、图8-14所示，使用移动工具将风景照片拖动到人物文件中，将风景照片的混合模式设置为【滤色】，如图8-15所示。

图8-13

图8-14

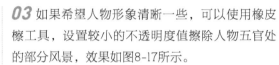
图8-15

02 设置完成后画面变成唯美的创意合成图像，如图8-16所示。

03 如果希望人物形象清晰一些，可以使用橡皮擦工具，设置较小的不透明度值擦除人物五官处的部分风景，效果如图8-17所示。

图8-16

图8-17

对比型

　　对比型模式组包含【叠加】【柔光】【强光】【亮光】【线性光】【点光】和【实色混合】7种混合模式，它们可以增加下方图层中图像的对比度。在混合时，如果当前图层是50%灰色（50%灰是指色值为"R128 G128 B128"），就不会对下方图层产生影响；而当前图层中亮度值高于50%灰色的像素会使下方图层像素变亮；当前图层中亮度值低于50%灰色的像素会使下方图层像素变暗。下面以该模式组中常用到的【柔光】模式为例进行讲解。

【柔光】模式根据当前图层中的颜色决定图像应变亮或是变暗。下面通过调整一张人像照片中人物的光影效果，来讲解【柔光】模式的具体应用。

01 打开一个人物修片案例，如图8-18所示，在画面中创建中性灰图层，如图8-19所示。

图8-18

图8-19

02 将中性灰图层的混合模式设置为【柔光】，如图8-20所示，设置完成后中性灰图层被完全过滤掉，下方图层会完全显示出来。

图8-20

03 此时就需要在中性灰图层上，使用柔边画笔工具在画面上涂抹以达到想要的光影效果。需要加深的部分使用画笔工具将前景色填充为黑色进行涂抹，需要减淡的部分使用画笔工具将前景色填充为白色进行涂抹，这样就会增加人物皮肤的层次感。在使用柔边画笔工具时，通过设置【流量】和【不透明度】的值可以控制涂抹的力度，通常情况下将【流量】【不透明度】降低至"10，10"左右即可，涂抹中灰图层样子如图8-21所示。

04 在涂抹时需要注意沿人物的五官、肌肉、骨骼和形体走向进行涂抹，通常一次下笔并没有明显的效果，这时就需要仔细观察，一次达不到效果就多涂抹几次，也可以关掉调整图层前的"指示图层可见性"按钮，辅助观察调整前后的效果对比，绘制完成的中性灰图层如图8-22所示。完成光影调整后的效果如图8-23所示。

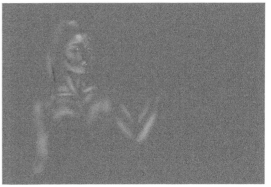

图8-22

图8-21

图8-23

8.3 图层样式的应用

　　图层样式是添加在当前图层上的特殊效果，它不仅可以丰富画面效果，还可以强化画面主体。Photoshop提供了斜面和浮雕、描边、内阴影、内发光、光泽、颜色叠加、渐变叠加、图案叠加、外发光与投影10种图层样式。这些图层样式在当前图层上既可以单独使用，也可以叠加使用。在实际工作中它使用得非常广泛，比如发光字、质感按钮和各种纹理效果。下面结合实际工作介绍几种常用的图层样式。

8.3.1 【投影】图层样式

　　【投影】图层样式是指在当前图层内容的后方生成投影，使图像看上去像是从画面中凸出来。它常用来表现物体的立体效果。下面以一个智能腕表网页弹出广告为例，介绍【投影】图层样式的使用方法。

01 打开素材文件，如图8-24所示。可以看到画面中手表与画面背景颜色相近，从而很难将产品凸显出来，此时可以为手表添加一个投影，使手表与背景分开。

图8-24

02 选中手表所在的图层，双击该图层名称后面的空白处，如图8-25所示，打开【图层样式】对话框，在该对话框的左侧选择要添加的样式，这里选择【投影】样式，对话框的右侧即可切换到该样式的设置面板。在该面板中可以对投影的颜色、大小、距离和角度等选项进行设置。在设置这些参数值时，我们需要一边调整一边观察效果，以达到视觉效果最佳为准，因此它们的值并非是固定不变的，是由视觉效果决定的。最终该面板中的参数设置值如图8-26所示。

图8-25

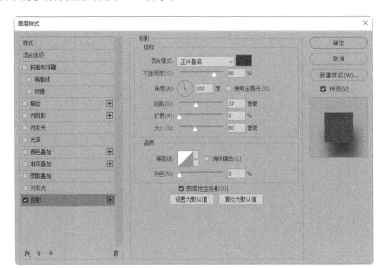

图8-26

03 单击【确定】按钮后，图层右侧会显示 *fx* 图标和效果列表，如图8-27所示。单击按钮可折叠或展开效果列表，如图8-28所示。为手表图层添加【阴影】图层样式后的效果，如图8-29所示。

图8-27   图8-28   图8-29

下面介绍【投影】图层样式面板中常用选项的具体使用方法。

投影颜色 该颜色设置模拟光线投放到物体上产生的投影色，通常比物体本身暗一些。选择比物体本身颜色暗一点的相似颜色作为投影颜色，其投影效果会更逼真。由于手表是浅蓝色，因此本例把投影的颜色设置为一个较深的蓝色，如图8-30所示。

图8-30

【混合模式】 该选项可以设置投影与下方图层的混合模式。本例选择默认的【正片叠底】混合模式，使用该混合模式可以使投影与其下方图像自然融合。当然，如果要制作另外一些特殊效果也可选用其他混合方式。

【不透明度】 如果设置的投影颜色太重，用户也可以使用该选项减淡投影颜色。拖动滑块或输入数值可以调整投影的不透明度，数值越低，投影越淡。可根据视觉效果调整其值，本例设置【不透明度】值为80%，使手表投影保持在一个逼真的程度。

【大小】 该选项用来控制投影的模糊范围，数值越大，模糊范围越广，投影越模糊；数值越小，模糊范围越小，投影越清晰。可根据视觉效果调整合适大小，本例采用【大小】值为80像素。图8-31所示为设置不同【大小】参数的对比效果。

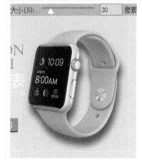 

图8-31

【扩展】 当投影设置完【大小】后，再设置【扩展】会使投影的清晰范围扩大；该数值越大，投影越清晰，当【大小】数值为0时，该选项不起作用。可根据视觉效果调整其值，本例设置【扩展】的数值为默认值0。

【距离】 该选项决定投影的偏移距离，数值越小投影距物体本身越近，反之越远，可根据视觉效果调整其值，本例采用【距离】值为37像素。图8-32所示为设置不同【距离】参数的对比效果。

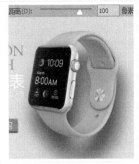

图8-32

【角度】 当光线从不同方向投放到物体时，它所产生的投影方向是不同的。该选项就是模拟光的照射方向，它用来设置光源的发光角度，决定了投影朝向哪个方向，可根据视觉效果调整其值，本例将【角度】设置为102度。图8-33所示为设置不同【角度】参数的对比效果。

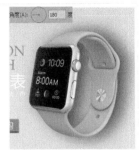

图8-33

💡提示　**【图层样式】对话框的应用**

【图层样式】对话框左侧区域列出10种样式，单击其中一个样式的名称，可以选中该样式，并在对话框的右侧会显示与之对应的选项，此时该样式名称前的复选按钮有选中的标记✓，表示在图层中添加了该样式。如果要停用该效果，将复选按钮前的标记取消选中即可。对一个图层可以添加多个样式，在左侧图层样式列表中单击多个样式的名称并分别对选项进行设置，即可在图层中添加多个样式。在【图层样式】对话框左侧样式列表中，可以看到有的样式名称后方带有一个➕，表明该样式可以被多次添加；例如，对一个图层添加【描边】样式后，单击【描边】样式名称后的➕按钮，在【图层样式】左列表中会出现了另一个【描边】样式，此时该图层添加了两个【描边】样式。

8.3.2 【内阴影】图层样式

【内阴影】与【投影】图层样式比较相似，【内阴影】图层样式是在当前图层内容边缘的内侧添加阴影，该图层样式常用于凹陷效果制作。下面以智能开关广告为例介绍【内阴影】图层样式的使用方法。

01 打开素材文件，如图8-34所示，在绘制图中按钮时需要将按钮制作为开启状态，要想使该按钮做得更逼真，需要制作出凹陷效果。

02 在【图层】面板中选择要制作内陷效果的图层，双击该图层名称后面的空白处，如图8-35所示，打开【图层样式】对话框，在该对话框中的左侧选择【内阴影】样式，对话框的右侧即可切换到该样式的设置面板。在该面板中可以对内阴影的颜色、大小、方向和距离等选项进行合理设置，设置参数如图8-36所示。添加【内阴影】图层样式后的效果如图8-37所示。

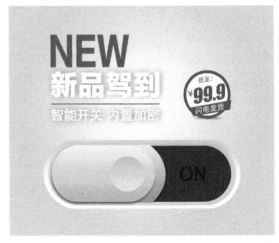

图8-34

图8-35

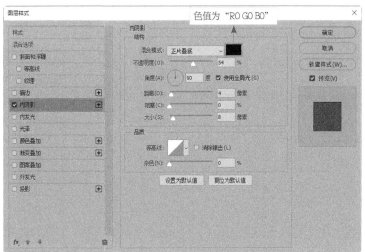

图8-36

图8-37

【内阴影】与【投影】图层样式的设置选项基本相同，不再详细介绍。它们的唯一不同之处在于【投影】图层样式是通过【扩展】选项来控制投影边缘的渐变程度，而【内阴影】图层样式是通过【阻塞】选项来控制。

【阻塞】 可以收缩内阴影的边界，【阻塞】与【大小】相关联，当【大小】值为0时，【阻塞】不起作用；【大小】值越大，【阻塞】的范围越大。当【大小】值相同时，【阻塞】值越大，内阴影边缘越清晰，如图8-38所示。本例无需收缩阴影的边界，因此使用【阻塞】默认值为0。

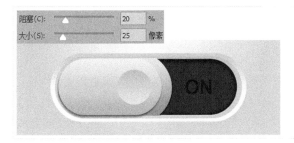

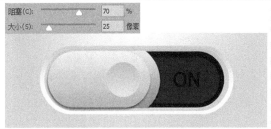

图8-38

8.3.3 【描边】图层样式

使用【描边】图层样式可在当前图层内容的边缘添加纯色、渐变色或图案。它在实际工作中的应用非常广泛。例如，在包装设计中，文字是必不可少的设计元素，在文字上添加适当的描边效果，就可以让包装上的文字更突出。下面我们以巧克力糖果包装设计为例介绍【描边】图层样式的使用方法。

01 打开巧克力包装文件，如图8-39所示。从画面中可以看到我们已经为"QiMiao"文字添加了投影效果（前面的为智能手表添加投影效果的例子，是通过模拟光线投放到物体上产生投影的原理进行

设置的，这是投影的一种常规设置方法，本例为"QiMiao"文字添加投影是为了增强文字的层次；投影颜色选用包装中的黄色，该颜色既能与底色分离开，又能与包装整体颜色搭配起来），增强了文字的立体感，但文字的白色与投影的黄色这两种颜色搭配对比较弱，下面为该文字添加【描边】图层样式，可以在一定程度上凸显出文字，让其更醒目。

图8-39

02 选择"QiMiao"文字图层，双击该【图层名称】后面的空白处，如图8-40所示，打开【图层样式】对话框，在该对话框的左侧选中【描边】样式，对话框的右侧即可切换到该样式的设置面板。在该面板中可以对描边的大小、位置和填充类型等选项的进行设置，在设置这些选项的参数值时，我们需要一边调整一边观察效果，以达到最佳视觉效果，因此它们的值并非是固定不变的，是由视觉效果决定的。最终该面板中的参数设置值如图8-41所示，"QiMiao"文字图层添加【描边】图层样式后的效果如图8-42所示。

图8-40

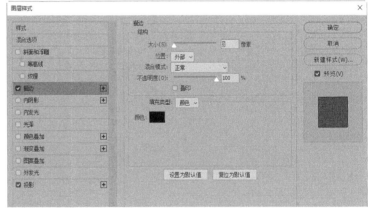

图8-41

图8-42

下面介绍【描边】图层样式面板中常用选项的具体使用方法。

【大小】 用于调整描边的粗细，数值越大描边越粗。可根据视觉效果调整其值；本例设置较小的描边（3像素）使文字醒目，如果设置大的描边会遮挡住下方投影。

【位置】 用于设置描边与图像边缘的相对位置。选中【外部】，描边位于图像边缘以外；选中【内部】，描边位于图像边缘内侧；选中【居中】，描边一半位于图像边缘以外，一半位于图像边缘的内侧。图8-43所示为将描边加粗并将文字创建选区，这样可以直观地看到描边所在的位置。实际应用中可根据视觉效果的需要来选择描边是在图像边缘的外部、内部或居中位置。本例选择【外部】描边。

外部 　　　　　　　　　　内部 　　　　　　　　　　居中

图8-43

【填充类型】 默认为【颜色】，通过它设置的描边颜色为纯色，如图8-44所示；通过【渐变】可以设置描边为渐变色，如图8-45所示；通过【图案】可以设置描边为图案，如图8-46所示。本例使用的填充类型为【颜色】。

颜色描边 　　　　　　　　　渐变描边 　　　　　　　　　图案描边

 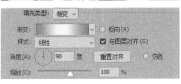 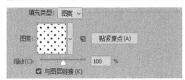

图8-44 　　　　　　　　　　图8-45 　　　　　　　　　　图8-46

【颜色】 当填充类型设置为颜色时，可单击【颜色】后方颜色块，设置描边颜色，如图8-47所示。本例使用的颜色为黑色，这是因为黑色和任何颜色都能搭配，同时又能突出文字层次。

图8-47

【不透明度】 用于设置描边的不透明度，数值越小，描边越透明。如果要让描边效果透出它下方图层图像内容时，可以将描边的【不透明度】数值降低。本例使用的【不透明度】为100%，即完全不透明，这是为了突出描边效果所以不能降低透明度。

8.3.4 【渐变叠加】图层样式

使用【渐变叠加】图层样式可以在当前图层上覆盖渐变颜色。比如制作智能开关开启状态时，通常会将按钮制作为发亮显示，为了模拟发亮效果，此时可以为按钮添加一个由浅到深再到浅的渐变色，使其在视觉上感受到像是发光的状态。下面继续以智能开关广告为例介绍【渐变叠加】图层样式的设置方法。

01 打开素材文件，如图8-48所示。

02 选中【玫红圆角矩形】图层，双击该图层名称后面的空白处，如图8-49所示，打开【图层样式】对话框，在该对话框的左侧选择【渐变叠加】图层样式，对话框的右侧即可切换到该样式的设置面板。在该面板中对渐变颜色、混合模式、角度和缩放等选项进行合理设置，设置参数如图8-50所示。添加【渐变叠加】图层样式后的效果如图8-51所示。

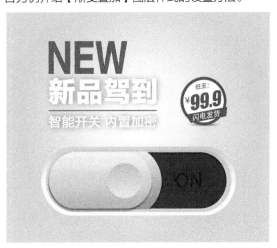

图8-48

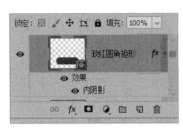

图8-49

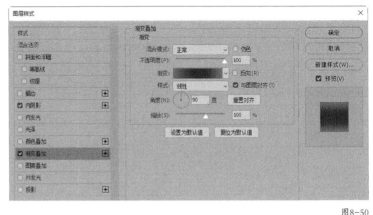

图8-50

下面介绍【渐变叠加】图层样式面板中常用选项的具体使用方法。

图8-51

【渐变】 单击【渐变】右方的渐变色条，可以打开【渐变编辑器】对话框，在该对话框中可根据需要设置相应的渐变颜色。本例为使按钮上下呈现由浅到深再到浅的平滑过渡的发光效果，在渐变色条上设置了3个色标，因为在添加【渐变叠加】图层样式前，广告中的颜色已经搭配好了，所以中间的色标颜色就设置为开关按钮右边玫红圆角矩形的颜色，两侧的色标设置为同色系浅一点的颜色，如图8-52所示。

【与图层对齐】 选中该选项，渐变的起始点位于图层内容的边缘；取消选中该选项，渐变的起始点位于文档的边缘。选中该选项与取消选中该选项对比效果，如图8-53所示。因为开关按钮右边玫红圆角矩形并未充满整个图层，所以本例选中该选项。

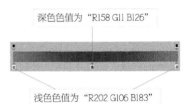

深色色值为"R158 G11 B126"

浅色色值为"R202 G106 B183"

图8-52

选中【与图层对齐】选项

未选中【与图层对齐】选项

图8-53

【角度】 该选项用来控制渐变的方向，可以横向、竖向、斜向，或从左到右、从右到左、从上到下、从下到上等等做任意角度的渐变。由于要使按钮从上到下呈现渐变的效果，所以本例【角度】设置为90度。

8.3.5 【图案叠加】图层样式

　　【图案叠加】与【渐变叠加】样式的原理一样，【图案叠加】样式是在当前图层内容上叠加图案。【图案叠加】图层样式通常情况下需要结合"混合模式"与"不透明度"，使图案混合于所选图层，从而产生独特的画面效果。例如，在设计美食海报时，为了让主题文字更突出，可以通过对文字图层叠加图案，让文字更有特点、引人注目，具体操作步骤如下。

01 打开零食促销广告文件，如图8-54所示。

图8-54

02 选中"吃货大比拼"图层，如图8-55所示，并为该图层添加【图案叠加】图层样式，在打开的【图案叠加】面板中设置需要叠加的图案、混合模式、不透明度等选项，如图8-56所示。添加【图案叠加】后的效果，如图8-57所示。

图8-55

图8-57

图8-56

下面介绍【图案叠加】图层样式面板中常用选项的具体使用方法。

【图案】　单击图案选项右侧的　按钮，可以在打开的下拉列表框中选择其中一个图案，将其应用到当前图层上，如图8-58所示。本例选中第一个图案（Right Diagonal Line 1，右对角线1，效果是斜条纹），在文字的笔画上添加了斜条纹后使文字更醒目了。

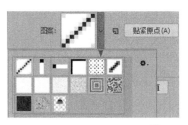

图8-58

【混合模式】　用于设置叠加的图案与所选图层的混合方式，本例选用【柔光】混合模式，使图案中的白色与文字颜色自然融合，同时也提亮了文字的笔画。

【不透明度】　用于降低叠加图案的不透明度，本例设置【不透明度】为20%，因为【柔光】以后太亮了。

使用【图案叠加】图层样式时，通常需要对【混合模式】和【不透明度】选项联合进行设置，才能做出合适的效果。本实例在设置【混合模式】和【不透明度】时，先将图层混合模式设置为【柔光】，然后逐步降低【不透明度】，直到达到合适的图案叠加效果为止。不同【混合模式】和【不透明度】的效果如图8-59所示。

图8-59

【与图层链接】　选中该选项，可以将图案和图层链接起来，这样在对图层进行变换操作时，图案也会跟着一同变换。不选中该选项，在对图层进行变换操作时，图案保持不动。本例选中该选项。

💡提示　在图层样式中有一种图层样式叫【颜色叠加】，它可以为当前图层内容赋予一种新的颜色，该样式与【渐变叠加】和【图案叠加】样式的使用方法非常相似，这里不再赘述。

8.3.6 【斜面和浮雕】图层样式

【斜面和浮雕】样式可以让当前图层内容产生凸起的效果，它是通过为图层中的图像添加暗调和高光效果，从而使图层内容呈现出立体感。下面我们以为电影票抢购海报主题文字制作成立体效果为例，介绍【斜面和浮雕】图层样式的使用方法。

01 打开电影票抢购海报文件，如图8-60所示。

图8-60

02 选择"快上车!抢免费电影票"图层，双击该图层名称后面的空白处，如图8-61所示，打开【图层样式】对话框，在该面板中可以看到已经为该文字添加了【描边】图层样式，在【图层样式】对话框左侧选中【斜面和浮雕】，在打开的【斜面和浮雕】对话框中可以对样式、方法、深度、大小等参数进行设置，设置参数如图8-62所示。设置完成后所选图层内容呈现出很好的立体效果，如图8-63所示。

图8-61

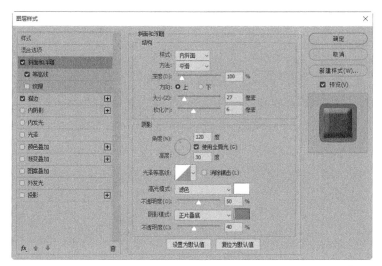

图8-62

图8-63

下面介绍【斜面和浮雕】图层样式面板中常用选项的具体使用方法。

【样式】 该列表包含【外斜面】【内斜面】【浮雕效果】【枕状浮雕】【描边浮雕】5种浮雕样式。【外斜面】是在图层内容的外侧边缘创建斜面，浮雕范围会显得很宽大；【内斜面】是在图层内容的内侧边缘创建斜面，即把图层内容自身拿出一部分"削"出斜面，因此浮雕范围会显得比【外斜面】所创建的小很多；【浮雕效果】是从图层内容的边缘创建斜面，斜面范围一半位于边缘外侧，一半位于边缘内侧，使用"浮雕效果"创建的斜面范围介于【外斜面】和【内斜面】之间；【枕状浮雕】的斜面范围与【浮雕效果】相同，也是一半在外，一半在内，但是其图层内容的边缘是向内凹陷的，好比图层内容的边缘压入下层图层中产生的效果一样；【描边浮雕】是在描边上创建浮雕，也就是说浮雕的斜面和与描边的宽度相同，如果图层中未添加描边效果，则该选项不起作用。图8-64所示为设置不同样式后的效果，本例选用的是【内斜面】，让浮雕效果显得精细一些。

外斜面

内斜面

浮雕效果

枕状浮雕

描边浮雕

图8-64

【方法】 用来选择浮雕的边缘。选择【平滑】可以得到柔和的边缘；选择【雕刻清晰】可以得到清晰的边缘，适合表现表面坚硬的物体；选择【雕刻柔和】也可以得到清晰的边缘，但是其效果比【雕刻清晰】柔和一些。图8-65所示为以【内斜面】为例设置不同方法的效果对比。本例选择【平滑】，柔和的文字边缘与电影票促销海报的整体风格相吻合。

平滑

雕刻清晰

雕刻柔和

图8-65

【深度】 用于设置浮雕亮面与暗面的对比度，数值越高，浮雕的立体感越强。图8-66所示为分别设置不同深度的效果对比。本例把【深度】设置为100%较为适合。

深度：50

深度：500

图8-66

【方向】 用来确定高光和阴影的位置，该选项与光源的【角度】和【高度】数值有关，【角度】和【高度】不同，产生的阴影效果也不同，通常情况下这3个选项应联合起来设置并观察效果。本例【角度】设置为120度，【高度】设置为30度，【方向】设置为上，让高光位于斜上方。

【大小】 用来设置斜面的宽度，数值越大斜面越宽，产生的立体感越强。本例【大小】设置为27像素较为适合。

【软化】 用来设置浮雕斜面的柔和程度，数值越大斜面越柔和。本例【软化】设置为6像素较为合适。

【消除锯齿】 选中该选项可以消除因设置了【光泽等高线】而产生的锯齿。本例没有选中该选项，这是因为在【光泽等高线】选项中选中了【线性】，使用该命令不产生锯齿。

【高光模式/不透明度】 这两个选项用来设置浮雕斜面中高光的混合模式和不透明度，后面的颜色块用于设置高光的颜色。本例采用默认设置：【高光模式】为滤色，高光颜色为纯白色，【不透明度】为50%。由于本例文字的颜色是白色，无需使用其他颜色作为高光颜色，所以不用对该项进行设置。

【阴影模式/不透明度】 这两个命令用来设置浮雕斜面中阴影的混合模式和不透明度，后面的颜色块用于设置阴影的颜色。将阴影颜色分别设置为蓝色和黑色效果，如图8-67所示。本例设置【阴影模式】

为【正片叠底】，让阴影更暗一点，【阴影颜色】选择海报右侧的底色（色值为"R251 G112 B109"），这样颜色更合适一些，【不透明度】为40%以减淡正片叠底后的阴影效果。

图8-67

【等高线和光泽等高线】 【斜面和浮雕】图层样式中有【等高线】和【光泽等高线】两个等高线，这是特别容易混淆的，事实上这两种等高线影响的对象是完全不同的，具体区别如下。

【光泽等高线】可以改变浮雕表面的光泽形状，对浮雕的结构没有影响，而【等高线】则用来修改浮雕的斜面结构，还可以生成新的斜面。

使用3种不同的【光泽等高线】形状所产生的效果如图8-68所示，使用3种不同的【等高线】形状所产生的效果如图8-69所示。

图8-68

图8-69

【纹理】 在默认状态下，使用【斜面和浮雕】效果时，所生成的浮雕的表面光滑而平整，非常适合表现水珠、玻璃等光滑的物体。如果要表现拉丝金属、大理石或木纹等材质的表面纹理时，可以从【纹理】中选中一种图案来模拟真实的材质效果。本例未使用【纹理】效果。

在【斜面浮雕】图层样式中选中【纹理】选项，可切换到【纹理】设置面板，如图8-70所示。

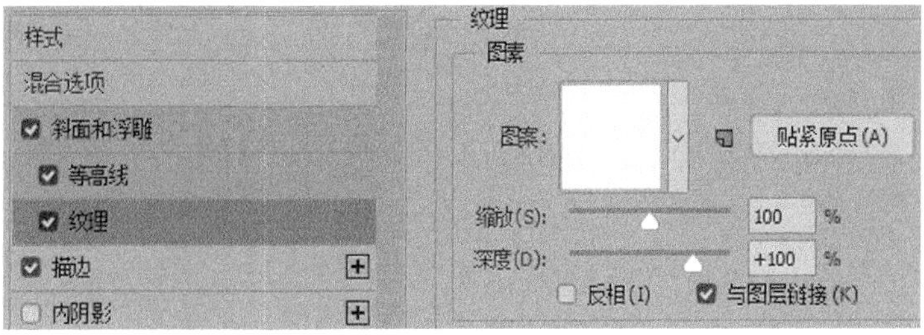

图8-70

163

图案 单击图案右侧的 按钮，在打开的下拉列表框中选择其中一个图案，将其应用到斜面浮雕效果上，如图8-71所示，添加纹理后的效果如图8-72所示。

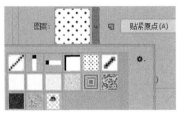

图8-71

图8-72

缩放 用来缩放图案。需要注意的是，若缩放的图案是位图，放大比例过高会使图案模糊。

深度 当该选项数值为正值时，图案的明亮部分凸起，暗部凹陷；当该选项数值为负值时，图案的明亮部分凹陷，暗部凸起。

8.3.7 【外发光】图层样式

【外发光】可以沿图层内容的外边缘创建发光效果。让我们继续以电影票抢购海报为例，介绍【外发光】图层样式的使用方法。

01 打开素材文件，选择"快上车!抢免费电影票"图层，在【图层样式】对话框的左侧选择【外发光】样式，样式栏的右侧即可切换到该样式的设置面板，在该面板中可以对"外发光"的颜色、大小和不透明度等参数进行设置，设置参数如图8-73所示。

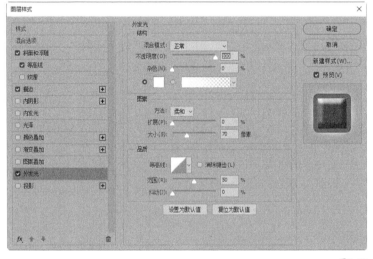

图8-73

02 添加【外发光】样式前后效果对比，如图8-74、图8-75所示。

> 💡**提示** 在图层样式中还有一种【内发光】图层样式，该图层样式与【外发光】图层样式的使用方法刚好相反，它可以沿图层内容的边缘向内创建发光效果，由于它们的使用方法非常相似，这里就不赘述。

未添加"外发光"效果

添加"外发光"效果

图8-74

图8-75

【外发光】与【投影】图层样式面板中的选项差不多，下面主要介绍面板中存在差异的几个选项。

【杂色】 在发光效果中添加杂色，使光晕呈现颗粒感。本实例未使用杂色。

【发光颜色】 单击【杂色】选项下方的颜色块用来设置发光颜色，单击颜色块可以创建单色发光颜色，单击颜色条可以创建渐变颜色发光颜色，如图8-76所示。为了使发光效果更逼真，本实例选用和文字一样的颜色（纯白色）发光。

图8-76

8.3.8 课堂案例：为文字添加渐变叠加效果

在前面的学习中读者已经知道如何使用渐变工具为图像填充渐变色，但是对于文字来说，如果直接使用渐变工具是无法实现渐变填充的，那么为文字制作渐变效果应该如何操作呢？具体操作步骤如下。

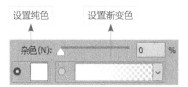

扫码看视频

操作思路 分两步制作：①选择需要添加渐变样式的文字图层； ②对文字应用【渐变叠加】图层样式。

01 打开夏日促销广告文件，如图8-77所示，可以看到画面中的主题文字效果比较平淡。下面为主题文字添加渐变叠加效果，使该文字在画面中的颜色更协调。

图8-77

02 在【图层】面板中选中"冰凉一夏"文字图层，双击该图层名称后面的空白处，如图8-78所示，打开【图层样式】对话框，在该对话框的左侧选中【渐变叠加】样式，对话框的右侧即可切换到该样式的设置面板。在该面板中，我们为使文字上下呈现由深到浅的颜色过渡效果，可进行以下设置：在渐变条上设置由浅蓝色到深蓝色3个色标，这样既能使文字效果突出，又可以使文字很好地与画面融合在一起，将渐变【样式】设置为线性，【角度】设置90度使文字从上到下呈现渐变效果。设置参数如图8-79所示。

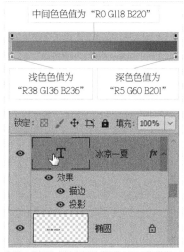

图8-78

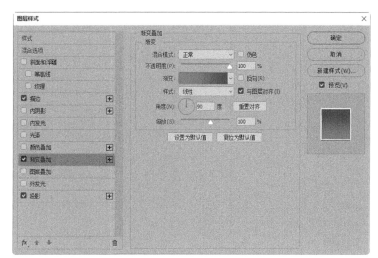

图8-79

03 为文字添加【渐变叠加】图层样式后的效果，如图8-80所示。

04 打开素材"光斑"文件并拖动到画面中，添加光斑增加了画面层次，如图8-8l示。

图8-80

图8-81

8.4 编辑样式

图层样式是一种灵活度非常高的编辑功能，通过它不仅可以随时对参数进行修改，还可以对样式进行复制和粘贴、去除、栅格化等操作。

8.4.1 复制和粘贴图层样式

通过"复制图层样式"可以制作具有相同样式的对象。当为一个图层添加好样式后，其他图层也需要使用相同的样式，此时可以使用【拷贝图层样式】功能快速为该图层添加相同的样式。

01 打开一个香水促销海报，从画面中可以看出主题文字和圆角矩形的颜色较为生硬，和整体版面效果不搭，如图8-82所示。下面先为文字添加【渐变叠加】样式，让文字融入到版面设计中。

图8-82

02 选中"挚爱真我　高傲女王"文字图层，为该图层添加【渐变叠加】样式。在【渐变叠加】设置面板中为使文字左右呈现由深到浅再到深的颜色过渡效果，在渐变色条上设置了3个色标，将中间色标设置为与背景颜色相近的浅咖色，两侧的色标设置为与背景颜色相近的深咖色，这样设置渐变颜色更柔和，适合呈现柔美和优雅的气氛，将渐变【样式】设置为"线性"，【角度】设置为"169度"，使文字从左到右呈现适当倾斜的渐变效果。设置参数如图8-83所示，效果如图8-84所示。

浅咖色值为"R188 G112 B44"

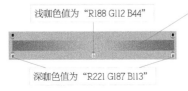

深咖色值为"R221 G187 B113"

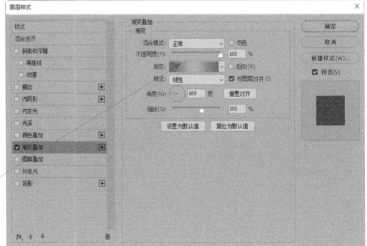

图8-83

图8-84

03 使用鼠标右击"挚爱真我 高傲女王"文字图层，在弹出的快捷菜单中单击【拷贝图层样式】命令，如图8-85所示。

04 鼠标右击"圆角矩形"图层，在弹出的快捷菜单中单击【粘贴图层样式】命令，如图8-86所示。

图8-85   图8-86

05 复制和粘贴图层样式后的效果如图8-87所示。

图8-87

8.4.2 删除图层样式

如果想要删除图层上的所有图层样式效果，在【图层】面板中拖动"效果"到【删除图层】按钮 🗑 上，如图8-88所示；如果只想删除众多图层样式中的一种，选中某一图层样式拖动到【删除图层】按钮 🗑 上，就可以删除该图层样式，如图8-89所示。

删除图层上的所有图层样式

图8-88

删除图层上的单个图层样式

图8-89

8.4.3 栅格化图层样式

如何将添加的图层样式变为普通图层的一部分，使其可以像普通图像一样进行编辑：在【图层】面板中，右击需要栅格化的图层，在弹出的快捷菜单中单击【栅格化图层样式】命令，即可将该图层添加的样式转为该图层的本身内容，如图8-90所示。如果是文字图层使用该功能它会同时将文字转为普通图像。

图8-90

8.4.4 课堂实训：设计网店主图如何让重点文字突出

做网店主图设计，当有大量的文字、图形元素时，如何在不影响原本标题文字的最高视觉层级的情况下，使重点文字突出不被其他元素干扰呢？从画面中可以看到原图中"半价！"文字在视觉效果上已经盖过主题文字。"半价！"这么具有吸引力的文字，怎样让其在视觉上既低于标题文字的层级又高于其他文字？可以通过改变"半价！"文字的颜色（与背景相搭的暖色：橙黄色），这样它就能在视觉上把亮度层级降低下来，但是这样就不太突出了，为了在不影响标题文字的视觉层级的情况下，适当突出"半价！"文字，可以通过为该文字添加斜面和浮雕、描边、投影等效果来达到吸引注意力的目的。最后再在该文字上添加光效，一是能使该文字更突出些，二是能与"仅需：￥699"文字底图长条上的光效相呼应。

原图

效果图

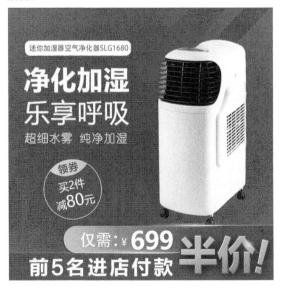

操作思路 分3步制作：①选中"半价"文字图层并为该图层添加【渐变叠加】【斜面和浮雕】【描边】【投影】等图层样式；②使用【拷贝图层样式】命令将添加到"半价"文字图层的图层样式复制到"！"文字图层上；③打开素材文件"光效"将其移动到"半价"文字图层的上方，将"光效"图层的混合模式设置为【滤色】。

扫码看视频

8.5 使用【样式】面板

【样式】面板可用于存储样式，在【样式】面板中不仅保存了多种预设样式，它还可以将一些比较常用的样式存储在【样式】面板中。

8.5.1 为图层快速添加样式

【样式】面板中存储了多种预设样式，在样式面板中单击需要的样式，即可将样式添加到图层中。

01 打开一个夏日促销海报，从图中可以看到，"冰爽夏日"几个字与背景颜色顺色不够突出，选中"冰爽夏日"图层，如图8-91所示。

02 单击菜单栏【窗口】>【样式】命令，打开【样式】面板，单击其中的一种投影样式，如图8-92所示。

03 为该图层添加相应的图层样式，效果如图8-93所示。

图8-91

图8-92

图8-93

单击【样式】面板中的▤按钮弹出子菜单，可以将未显示在【样式】面板中的预设样式追加到【样式】面板中；将【样式】面板中的一个图层样式拖曳到【删除样式】按钮🗑上，即可将其删除；如果需要还原【样式】面板中的默认样式，在子菜单中单击【复位样式】即可，如图8-94所示。

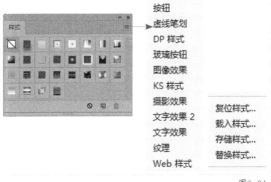

图8-94

8.5.2 将样式存储到样式面板中

不同的设计作品中经常会用到相同的样式，特别是一些较为复杂的样式。可以在【样式】面板中将其存储起来备用。

01 打开立体金字效果设计素材文件，在【图层】面板中可以看到该文字添加了多种样式。如果在以后的设计中需要应用同样的效果，使用时重新设置该样式会费时费力，如图8-95所示。下面将其存储在【样式】面板中以备用。

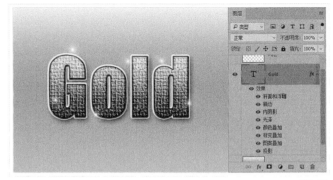

图8-95

02 选中需要存储样式的图层，然后单击【样式】面板中的【创建新样式】按钮，如图8-96所示。在弹出的【新建样式】对话框中为样式设置一个名称，如图8-97所示，选中【名称】下方的3个复选按钮，单击【确定】按钮后，新建的样式会保存在【样式】面板中，如图8-98所示。

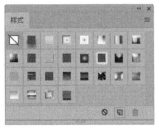

图8-96

图8-97

图8-98

8.6 课后习题

在设计化妆品宣传页时，为了让产品图看上去更逼真，想要给化妆品瓶添加倒影，该怎么添加呢？

效果图

操作思路 具体操作分3步：①复制"化妆品瓶"图层；②使用【变换】命令【垂直翻转】复制的化妆品瓶；③降低复制化妆品瓶的【不透明度】。

第 **9** 章

图像颜色调整

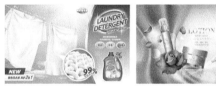

本章内容导读

本章主要讲解色彩的基础知识、配色原则以及Photoshop常用调色命令的使用方法。

重要知识点

● 了解色彩的基础知识和配色原则
● 了解图像颜色模式以及转换方式
● 掌握调色命令和调整图层的使用方法
● 熟练调整图像明暗、对比度，解决偏色问题

学习本章后，读者能做什么

通过本章学习，读者能掌握调色所需要的色彩基础知识和配色原则，能综合运用多种Photoshop调色命令（亮度/对比度、色阶、曲线、自然饱和度、色相/饱和度、色彩平衡、可选颜色、黑白）完成各种海报、网店首图/主图、摄影后期处理等设计工作中的调色要求。

IMAGE COLOR ADJUSTMENT

9.1 掌握色彩相关知识是调色的基础

　　颜色调整也称为调色，它在平面设计、服装设计、摄影后期处理等多种设计和图像处理工作中占有重要地位，甚至决定着一件作品的成败。Photoshop提供了大量的颜色调整功能供用户使用，在这些功能中用户可以通过拖动滑块、拖动曲线、设置参数值等方式进行颜色调整，但是它并没有告诉用户该拖动多远、拖动到哪里、设置参数值为多少才能把颜色调好。而这全得凭用户的"眼力见儿"来完成："眼力见儿"好，调出来的颜色就让人觉得舒服；"眼力见儿"差，调出来的颜色就与整体方案不合适。要有好的"眼力见儿"，就必须掌握色彩的三大属性（色相、饱和度和明度）和配色原则等色彩相关知识。

9.1.1 色相及基于色相的配色原则

色相

　　色相即各类色彩的相貌，它能够比较确切地表示某种颜色的名称。平时所说的红色、蓝色、绿色等，就是指颜色的色相，如图9-1所示。

图9-1

基于单个色相的配色原则

　　因为不同的色彩（色相）能给人以心理上的不同影响，如红色象征喜悦，黄色象征明快，绿色象征生命，蓝色象征宁静，白色象征坦率，黑色象征压抑等。在进行设计时，要根据主题的含义，合理地选择色彩（色相），使它与主题相适应。如在药物包装设计中，红色暗示产品是滋补性药物，而蓝色和绿色则暗示产品是消炎、清热药物。

　　除了掌握单个色彩（色相）的表现力和影响力外，更需要掌握多个色彩（色相）搭配起来的表现力和影响力。这是因为在设计中，绝大多数情况下画面中会有多个色彩（色相），这时就需要对多个色彩进行合理的搭配了。为了更好地理解如何进行色彩搭配，下面介绍24色相环及其应用。

24色相环

　　颜色和光线有密不可分的关系。我们眼中看到的"颜色"或者是"感觉出的颜色"，依据与光线的关系有两种分类方式。

　　第一种是光线本身所带有的颜色，在我们眼中所看到的"颜色"中，红、绿、蓝三种色光是无法被分解，也无法由其他颜色合成的，故称它们为"色光三原色"。其他颜色的光线都可以由它们按不同比例混合而成。

　　另一种就是把颜料或油墨印在某些介质上表现出来的颜色，人们通过长期的观察发现，油墨（颜料）中有3种颜色：青色、洋红色和黄色，通过不同比例混合可以调配出许多颜色，而它们又不能用其他的颜色调配出来，故称它们为"印刷三原色"。

　　24色相环：把一个圆分成24等份，把"色光三原色"红、绿、蓝三种颜色放在3等份上，把相邻两色等量混合，把得到的黄色、洋红色和青色放在6等份上，再把相邻两色等量混合，把得到的6个复合色放在12等份上，继续把相邻两色等量混合，把得到的12个复合色放在24等份上即可得到24色相环，如图9-2所示。24色相环每一色相间距为15°（360°÷24＝15°）。

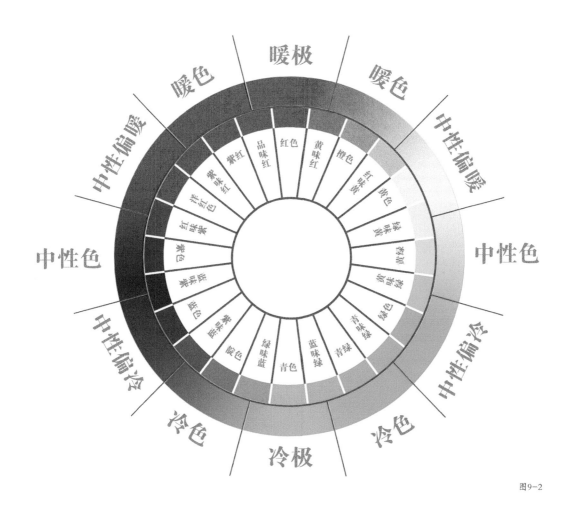

图9-2

互补色：以某一颜色为基准，与此色相隔180°的任意两色互为互补色。"色光三原色"与"印刷三原色"正好是互补色。互补色的色相对比最为强烈，画面相较于对比色更丰富、更具有感官刺激性。

对比色：以某一颜色为基准，与此色相隔间隔120°～150°的任意两色互为对比色。对比色相搭配是色相的强对比，其效果鲜明、饱满，容易给人带来兴奋、激动的快感。

邻近色：以某一颜色为基准，与此色相隔60°～90°的任意两色互为邻近色。邻近色对比属于色相的中对比，可保持画面的统一感，又能使画面显得丰富、活泼。

类似色：以某一颜色为基准，与此色相隔30°的任意两色互为类似色。类似色比同类色的搭配效果要明显、丰富些，可保持画面的统一与协调，呈现柔和质感。

同类色：以某一颜色为基准，与此色相隔15°以内的任意两色互为同类色。同类色差别很小，常给人单纯、统一、稳定的感受。

暖色：从洋红色顺时针到黄色，这之间的颜色称为暖色，从暖的程度上分为中性偏暖、暖色和暖极。暖色调的画面会让人觉得温暖或是热烈。

冷色：从绿色顺时针到蓝色，这之间的颜色称为冷色，从冷的程度上分为中性偏冷、冷色和冷极。冷色的调画面可让人觉得清冷以及宁静。

中性色：去掉暖色和冷色后剩余的颜色称为中性色。中性色调的画面给人以平和、优雅、知性的感觉。

基于多个色相的配色原则

当我们在设计用色时，最基本的配色原则是一个设计作品中不要超过三种颜色（色相），被选定的颜色从功能上划分为主色、辅色和点缀色，它们之间是主从关系。其中，主色的功能是决定整个作品风格，确保正确传达信息；辅色的功能在于帮助主色建立更完整的形象，如果一种颜色已和形式完美结合，辅色就不是必须存在的，判断辅色用的好不好的标准是：去掉它，画面不完整，有了它，主色更具优势；点缀色的功能通常体现在细节上，多数是分散的，并且面积比较小，在局部起一定的牵引和提醒作用。

认识色相环的好处

认识色相环的好处就是，当我们根据主题思想、内涵特点、形式载体及行业特点等决定了主色后，可按照冷色调、暖色调、中性色调，或同类色相、类似色相、临近色相、对比色相以及互补色相的原则快速找到辅色和点缀色。

9.1.2 饱和度及基于饱和度的配色原则

饱和度

饱和度是指色彩的鲜艳程度，也称色彩的纯度。饱和度取决于该色中含色成分和消色成分（黑、灰色）的比例。消色含量少，饱和度就越高，图像的颜色就越鲜艳，如图 9-3 所示。

图9-3

基于饱和度的配色原则

饱和度的高低起着决定画面是否有吸引力的作用。饱和度越高，色彩越鲜艳、活泼、引人注意或冲突性越强；饱和度越低，色彩越朴素、典雅、安静或温和。因此常用高饱和度的色彩作为突出主题的色彩，用低饱和度的色彩作为衬托主题的色彩，也就是高饱和度的色彩做主色，低饱和度的色彩做辅色。

9.1.3 明度及基于明度和饱和度的配色原则

明度

明度是指颜色（色相）的深浅和明暗程度。颜色的明度有两种情况，一是同一颜色的不同明度，如同一颜色在强光照射下显得明亮，而在弱光照射下显得较灰暗模糊，如图 9-4 所示；二是各种颜色有着的不同明度，各颜色明度从高到低的排列顺序是黄、橙、绿、红、青、蓝、紫，如图 9-5 所示。另外，颜色的明度变化往往会影响到饱和度，如红色加入黑色以后明度降低了，同时饱和度也降低了；如果红色加入白色则明度提高了，而饱和度却降低了。

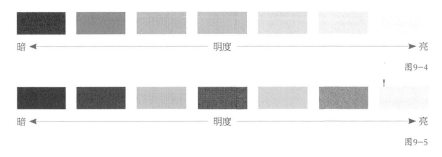

暗 ◄──────────────── 明度 ────────────────► 亮

图9-4

暗 ◄──────────────── 明度 ────────────────► 亮

图9-5

不同明度给人不同的心理感受

利用颜色明度不同所产生的不同的明暗调子，可以使人产生不同的心理感受。如高明度给人明朗、华丽、醒目、通畅、洁净或积极的感觉；中明度给人柔和、甜蜜、端庄或高雅的感觉；低明度给人严肃、谨慎、稳定神秘、苦闷或钝重的感觉。

基于明度和饱和度的配色原则

在使用邻近色配色的画面中，常通过增加明度和饱和度的对比，来丰富画面效果，这种色调上的主次感能增强配色的吸引力；在使用类似色配色的画面中，由于类似色搭配效果相对较平淡和单调，可通过增强颜色明度和饱和度的对比，来达到强化色彩的目的；在使用同类色配色的画面中，可以通过增强颜色明度和饱和度的对比，来加强明暗层次，体现画面的立体感，使其呈现出更加分明的画面效果。

9.1.4 在Photoshop中了解颜色的三个属性

通过观察 Photoshop 中的拾色器，可以清晰地了解颜色的三个属性，如图 9-6 所示，它们分别是明度、饱和度、色相。

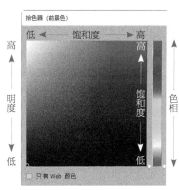

图9-6

9.1.5 了解图像颜色模式

颜色模式是用数值记录图像颜色的方式，它将自然界中的颜色数字化，这样就可以通过数码相机、显示器、打印机、印刷机等设备呈现颜色。颜色模式分为：【RGB 颜色】模式、【CMYK 颜色】模式、【HSB】模式、【Lab 颜色】模式、【位图】模式、【灰度】模式、【索引颜色】模式、【双色调】模式和【多通道】模式。下面就来认识几种常用的图像模式。

【RGB颜色】模式

【RGB 颜色】模式是以"色光三原色"为基础建立的颜色模式，针对的媒介是显示器、电视屏幕、手机屏幕等显示设备，它是屏幕显示的最佳颜色模式。RGB 指的是红色（Red）、绿色（Green）和蓝色（Blue），它们按照不同比例混合，即可在屏幕上呈现自然界各种各样的颜色。

"RGB"数值代表的是这三种光的强度，它们各有 256 级亮度，用数字表示为从 0、1、2……255。256 级的 RGB 颜色总共能组合出约 1678 万种（256×256×256）颜色。当三种光都关闭时，强度最弱（R，G，B 值均为 0），便生成黑色；三种光最强时（R，G，B 值均为 255），便生成白色。

通常，在调整图像颜色时，我们会在【RGB 颜色】模式下进行。

【CMYK 颜色】模式

【CMYK 颜色】模式是以"印刷三原色"为基础建立的颜色模式，针对的媒介是油墨，它是一种用于印刷的颜色模式。

和"RGB"类似，"CMY"指的是三种印刷油墨色青色（Cyan）、洋红色（Magenta）和黄色（Yellow）英文名称的首字母。从理论上来说，只需要"CMY"三种油墨就足够了，它们三个等比例加在一起就应该得到黑色。但是，由于目前制造工艺的限制，厂家还不能造出高纯度的油墨，"CMY"三种颜色相加的结果实际是深灰色，不足以表现画面中最暗的部分，因此"黑色"就由单独的黑色油墨来呈现。黑色（Black）使用的是其英文单词的末尾字母 K 表示，这是为了避免与蓝色（Blue）混淆。

CMYK 数值以百分比为单位，百分比越高，颜色越深；百分比越低，颜色越亮。

因为【RGB 颜色】模式的色域（颜色范围）比【CMYK 颜色】模式的广，所以在显示器上能呈现的很多鲜亮颜色是油墨印刷品所无法表现的。因此在【RGB 颜色】模式下设计出来的作品最终在【CMYK 颜色】模式下印刷出来时，色差是无法避免的。为了减少色差，一是使用专业的显示器，二是要对显示器进行颜色校正（通过专业软件）。

需要注意的是，在【CMYK 颜色】模式下，Photoshop 中的部分命令不能使用，这也是为什么需要在【RGB 颜色】模式下调整图像颜色的原因之一。

【Lab 颜色】模式

【Lab 颜色】模式类似于【RGB 颜色】模式，【Lab 颜色】模式是进行颜色模式转换时使用的中间模式。【Lab 颜色】模式的色域最宽，它涵盖了【RGB 颜色】模式和【CMYK 颜色】模式的色域，也就是当需要将【RGB 颜色】模式转换为【CMYK 颜色】模式时，可以先将【RGB 颜色】模式转换为【Lab 颜色】模式再转换为【CMYK 颜色】模式，这样做可以减少颜色模式转换过程中的色彩丢失。在【Lab 颜色】模式中，"L"代表亮度，范围是 0（黑）~100（白）；"a"表示从红色到绿色的范围；"b"表示从黄色到蓝色的范围。

【灰度】模式

【灰度】模式不包含颜色，彩色图像转换为该模式后，色彩信息都会被删除。使用该模式可以快速获得黑白图像，但效果一般，在制作要求较高的黑白影像时，最好使用【黑白】命令，因为该命令的可控性更好。

更改颜色模式

在 Photoshop 中可以实现颜色模式的相互转换，例如使用【RGB 颜色】模式调整完照片后，如果要将调整后的照片拿去印刷，此时就需要将【RGB 颜色】模式转为【CMYK 颜色】模式。

单击菜单栏【图像】>【模式】命令，可以将当前的图像颜色模式更改为其他颜色模式，如图 9-7 所示。

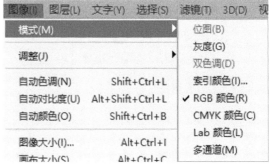

图 9-7

9.1.6 调整图像的两种方式

在Photoshop中调整图像颜色共有两种方式：一种是调整命令，另一种是调整图层。

单击菜单栏【图像】>【调整】命令，调整命令子菜单中几乎包含了 Photoshop 中所有的图像调整命令，如图 9-8 所示。

调整图层存放于一个单独的面板中，即【调整】面板。单击菜单栏【窗口】>【调整】即可打开【调整】面板，如图 9-9 所示。

图9-8

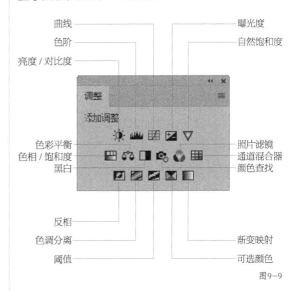

图9-9

调整命令与调整图层的使用方法以及达到的调整效果大致相同，不同之处在于：调整命令直接作用于图像，该调整方式无法修改调整参数，适用于对图像进行简单调整并且无需保留调整参数的情况；另一种方式是使用调整图层，它是在图像的上方创建一个调整图层，其调整效果作用于它下方图像，使用调整图层调整图像后，可随时返回调整图层进行参数修改，适用于摄影后期处理。

01 打开图9-10所示的照片，单击菜单栏【图像】>【调整】>【色彩平衡】命令，在打开的【色彩平衡】对话框中进行设置，如图9-11所示，设置完成后，画面的颜色被更改了，需要注意的是这种调色方式不可修改，如图9-12所示。

图9-11

图9-10

图9-12

02 在【调整】面板中单击【创建新的色彩平衡调整图层】按钮 🔗，即可在背景图层上方创建一个【色彩平衡】调整图层，在弹出的属性面板中可以看到这两种方式创建的【色彩平衡】的设置选项是相同的。在【色彩平衡】调整图层的属性面板中设置相同的参数，如图9-13所示，此时可以看到使用两种方式调整后的

效果也完全相同，如果想要修改调整图层参数，双击调整图层前方的缩览图，即可在弹出的调整图层属性面板中进行修改，如图9-14所示。

图9-13

图9-14

9.2 调整图像色彩与色调

处理图像时，首先要对图像进行观察，查看图像颜色是否存在问题，比如偏色（例如画面偏红色、偏紫色、偏绿色等）、画面太亮、画面太暗、偏灰（例如，画面对比度低，颜色不够艳丽）等。如果出现这些问题，就要对之进行处理，使图像变为一张亮度合适、色彩正常的图像。

9.2.1 亮度/对比度

【亮度/对比度】是对照片整体亮度和对比度的调整。下面通过一张偏灰的图片的调整，介绍【亮度/对比度】的使用方法。

01 打开童装店铺的海报设计文件，可以看到"童装"偏灰偏暗与画面整体的轻快色调不搭配，如图9-15所示。下面对童装衣服进行调整。

图9-15

02 选中"童装"所在的图层，单击菜单栏【图像】>【调整】>【亮度/对比度】命令，打开【亮度/对比度】对话框。该对话框包含两个选项：【亮度】用于设置图像的整体亮度，【对比度】用于设置图像明暗对比的强烈程度。在该对话框中，分别向左拖动滑块可降低亮度和对比度，分别向右拖动滑块可增加亮度和对比度（即当数值为负值时表示降低图像的亮度和对比度，当数值为正值时表示提高图像的亮度和对比度）。例图"童装"偏灰偏暗因此需要提亮画面，增强画面的对比度，设置参数如图9-16，效果如图9-17所示。

图9-16

图9-17

9.2.2 色阶

【色阶】主要用于调整画面明暗程度，它是通过改变照片中的像素分布来调整照片明暗程度的，通过它可以单独对画面的阴影、中间调和高光区域进行调整。此外，【色阶】还可以对各个颜色通道进行调整以实现图像色彩调整的目的。下面通过对一张偏暗的图片的调整，介绍【色阶】的使用方法。

01 打开手提包店铺的海报设计文件，可以看到"手提包"偏暗显的不够突出，如图9-18所示。下面对手提包进行调色。

图9-18

02 选中"手提包"所在的图层，单击菜单栏【图像】>【调整】>【色阶】命令，打开【色阶】对话框。【色阶】对话框中的设置选项较多，先看【输入色阶】选项组，该组的三个滑块分别用于控制画面的阴影、中间调和高光。阴影滑块位于色阶0处，它所对应的像素是纯黑；中间调滑块位于色阶

128处，它所对应的像素是50%灰；高光滑块位于色阶255处，它所对应的像素是纯白。向右拖动"黑色"滑块可以压暗暗调；向左拖动"白色"滑块可以提亮亮调；拖动"中间调"滑块，当数值大于1时，提亮中间调，当数值小于1时，压暗中间调，如图9-19所示。

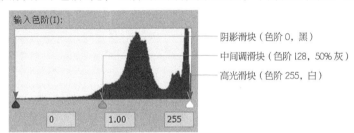

图9-19

例图"手提包"偏暗，因此需要提亮画面，先向左拖动"中间调"滑块提亮中间调区域，然后向左拖动"高光"滑块提亮高光区域，我们需要一边调整一边观察效果，以达到视觉效果最佳为准。设置参数如图9-20，效果如图9-21所示。

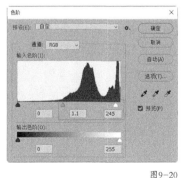

图9-20

图9-21

03 再看【输出色阶】选项组，通过该组的两个滑块可以对画面中最暗和最亮区域进行控制，"黑色"滑块代表最暗区域，"白色"滑块代表最亮区域。拖动"黑色"滑块可以使图像变亮，从而抑制暗部溢出，拖动"白色"滑块可以使图像变暗，从而抑制高光溢出。手提包的中间调和高光调整之后，阴影

处显得稍暗，拖动【输出色阶】选项组中的黑色滑块，提亮阴影，如图9-22所示，调整后可以看到手提包的亮度较为均匀，如图9-23所示。

图9-22

图9-23

04 如果想要使用【色阶】命令对画面颜色进行调整，可以在【通道】选项中选择某个颜色通道，然后对该通道进行明暗调整。使某个通道变亮，画面则会更倾向于该颜色，反之，变暗则会减少画面中该颜色成分。如本例想要手提包再粉嫩一些，可以选中【红】通道，提亮中间调和高光，设置参数如图9-24，效果如图9-25所示。

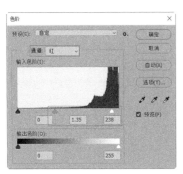

图9-24

图9-25

🔗 **相关链接** 通道的主要用途就是保存色彩信息，关于通道的应用详见第11章。

9.2.3 曲线

　　【曲线】与【色阶】的功能差不多，它既可以用于图像的明暗和对比度调整，又常用于校正画面偏色以及调整出独特的色调效果，但两者相比【曲线】的调整更精细，使用它可以在曲线上的任意位置添加控制点，改变曲线的形状，从而调整图像，并且可以在较小的范围内添加多个控制点进行局部的调整，同时它的操作要求也稍微高一些。下面通过对一张文艺"小清新"风格的人像照片的调整，介绍【曲线】的使用方法。

01 "小清新"风格的人像特点：整体色调清新，照片通透皮肤透亮。打开一张人像照片，从照片中可以看到照片偏暗、不够通透，颜色脏乱不够统一，如图9-26所示。

图9-26

02 本例需要对照片的亮度和色调进行调整，这个过程需要设置多个参数，像这种相对复杂的调色可以考虑使用调整图层地方式进行调色。使用这种方式可以对一些调片过程中不确定的色彩进行修改。单击【调整】面板中的【创建新的曲线调整图层】图标，创建【曲线】调整图层，如图9-27所示。

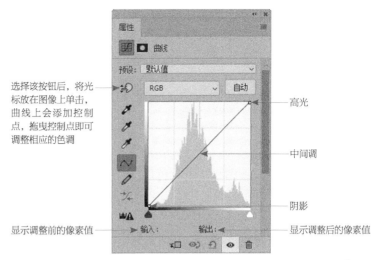

选择该按钮后，将光标放在图像上单击，曲线上会添加控制点，拖曳控制点即可调整相应的色调

高光

中间调

阴影

显示调整前的像素值

显示调整后的像素值

图9-27

在【曲线】属性面板中的曲线上有两个端点，左端点控制阴影区域，右端点控制高光区域，曲线中间位置控制中间调区域。按住左端点向上拖动提亮阴影，向右拖动压暗阴影；按住右端点向左拖动提亮高光，向下拖动压暗高光。在曲线的中间位置添加控制点可以调整中间调，向上左上角拖动提亮中间调，向右下角拖动压暗中间调；在高光和中间调之间添加控制点可以控制图像的亮调；在阴影和中间调之间添加控制点可以控制图像的暗调。调整图像前首先了解一下常见的两种调整图像明暗的曲线形状：C 形曲线——改变整体画面的明暗；S 形曲线——增强明暗区域的对比度，如图 9-28 所示。

正 C 曲线提亮画面

反 C 曲线压暗画面

正 S 曲线增加对比度

反 S 曲线降低对比度

图9-28

03 本例照片整体偏暗，但高光和阴影处并没有太大问题，因此可以考虑调整中间调。在曲线的中间位置单击添加一个控制点，向左上角拖动提亮画面的中间调，【输入】值为121，调整后【输出】值为

153，如图9-29
所示，此时画
面的亮度基本
上合适，如图
9-30所示。

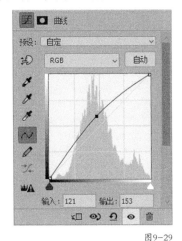

图9-29

图9-30

使用【曲线】对画面颜色进行调整，可以选择某个颜色通道，然后对该通道进行明暗调整。使某个通道变亮，画面则会更倾向于该颜色，反之，变暗则会减少画面中该颜色成分。如本例要调出淡紫色小清新效果，调整思路是：先调整【红】和【绿】通道，让画面偏红一些，然后调整【蓝】通道在画面中增加蓝色，最终使画面呈现淡紫色的效果。

在【曲线】调整图层的【属性】面板中，选择【红】通道，在曲线上的亮调区域添加控制点，向上拖曳，增加红色，【输入】值为176，调整后【输出】值为188；在调整亮调的同时也修改了暗调颜色，

为了避免暗调被
同时影响，在暗
调区域添加控制
点，向下拖动，
减少红色，【输
入】值为68，调
整后【输出】值
为62，如图9-31
所示，效果如图
9-32所示。

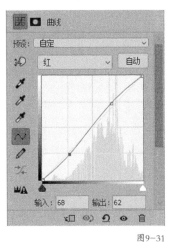

图9-31

图9-32

选择【绿】通道，在曲线上的亮调区域单击添加控制点，向上拖动，增加绿色，【输入】值为152，调整后【输出】值为157；在暗调区域单击添加控制点，向下拖动，减少绿色，【输入】数值为

50，调整后【输出】值为38，减少绿色（绿色和洋红色为互补色，减少绿色也就是增加洋红色），如图9-33所示，效果如图9-34所示。

图9-33

图9-34

　　选择【蓝】通道，在曲线上的中间调区域单击添加控制点，向下拖动，稍减一点蓝，【输入】值为118，调整后【输出】值为122；在暗调区域单击添加控制点，向上拖动，增加蓝色（蓝色和洋红色色互为相邻色，增加蓝色会使洋红偏紫色）【输入】值为52，调整后【输出】值为61，如图9-35所示，最终完成淡紫色"小清新"色调调整，如图9-36所示。

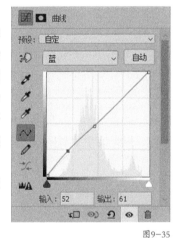

图9-35

图9-36

💡 提示　曲线的使用方法：1. 使用【曲线】调整图像时，如果不知道该在曲线的哪一位置添加控制点，如何解决？此时可以使用对话框中的 按钮，单击该按钮后，将鼠标指针放在图像上，曲线上会出现一个空的圆形，它代表了鼠标指针处的色调在曲线上的位置，如图9-37所示，在画面中单击即可添加控制点，拖动控制点调整相应的色调，如图9-38所示。

图9-37

图9-38

　　2. 在曲线上如何删掉已经添加的控制点？使用鼠标在控制点上单击并拖动出曲线操作界面，即可删掉不需要的控制点。

9.2.4　自然饱和度

【自然饱和度】用于控制整体图像的色彩鲜艳程度，该功能包含【自然饱和度】和【饱和度】选项。下面通过对一张美食照片的调整，介绍【自然饱和度】的使用方法。

01 要把一张美食照片调整得让人看后更有食欲，在具体操作中，主要调整图片的饱和度，让颜色鲜艳一些。打开美食海报文件，从画面中可以看到海报中的图片"意大利面"较暗淡，如图9-39所示。下面对"意大利面"进行调整。

02 选中"意大利面"所在的图层，单击菜单栏【图像】>【调整】>【自然饱和度】命令，打开【自然饱和度】对话框，如图9-40所示。

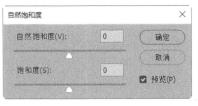

图9-40

图9-39

该对话框包含两个选项：【自然饱和度】是在保护已饱和颜色的前提下增加其他颜色的鲜艳度，它将饱和度的最高值控制在出现溢色之前；【饱和度】不具备保护颜色的功能，它用于提高图像整体颜色的鲜艳度，其调整的程度比【自然饱和度】更强一些，图9-41所示为分别将【自然饱和度饱和度】和【饱和度】设置为+100所示的效果。此外，这两个命令在降低饱和度方面也有一点区别，将【自然饱和度】值降到-100，画面中的鲜艳颜色会保留，只是饱和度有所降低；将【饱和度】值降到-100，画面中彩色信息被完全删除，得到黑白图像，如图9-42所示。

【自然饱和度】值为+100　　【饱和度】值为+100

图9-41

【自然饱和度】值为-100　　【饱和度】值为-100

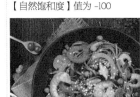

图9-42

03 通常使用【自然饱和度】调整图像时，设置较大的【自然饱和度】数值和较小的【饱和度】数值，两个选项结合使用可得到一个较为合适的效果。在【自然饱和度】对话框中向左拖动可以降低图像的自然饱和度与饱和度，向右拖动可以增加图像的自然饱和度与饱和度。本例增加【自然饱和度】值为+75，【饱和度】值为15，如图9-43所示，效果如图9-44所示。本例图片亮度合适，无需进行亮度调整。

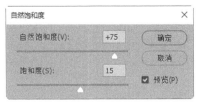

图9-43

图9-44

9.2.5 色相/饱和度

【色相／饱和度】是基于色彩三要素，即色相、饱和度和明度，对不同色系颜色进行的调整，与【自然饱和度】相比它所获得的调整色效果更加丰富。【色相／饱和度】不仅可以对整体图像色彩进行调整，也可以针对特定的色彩进行单独调整。下面以对一个网络店铺首页图中吊坠项链图片的调整为例，介绍【色相／饱和度】的使用方法。

01 打开素材文件，可以看到画面中的图像暗淡并且存在偏色问题（例如金色吊坠项链），如图9-45所示。

图9-45

02 选中"吊坠项链"所在的图层，单击菜单栏【图像】>【调整】>【色相/饱和度】命令，打开【色相/饱和度】对话框，如图9-46所示。该对话框包含三个主要设置选项：【色相】选项用于改变颜色；【饱和度】选项可以使颜色变得鲜艳或暗淡；【明度】选项可以使色调变亮或变暗。在该对话框"预设"下方的选项中显示的是【全图】，这是默认的选项，表示调整操作将影响整个图像的色彩。

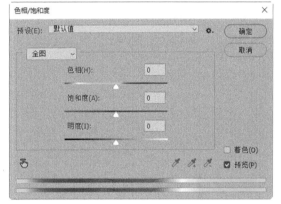

图9-46

本例图片整体轻微地偏蓝色，可调整色相将其偏暖一些，设置【色相】值为-10，效果如图9-47所示，增加【饱和度】值为+30，从图中可以看到金色被提取出来，如图9-48所示。

图9-47

图9-48

除了全图调整外，也可以对一种颜色进行单独调整。单击【全图】选项后的 ⌄ 按钮打开下拉列表框，其中包含"色光三原色"红、绿和蓝以及"印刷三原色"青、洋红和黄。选中其中的一种颜色，可单独调整它的色相、饱和度和明度。本例如果要继续增加"吊坠项链"的金色，可以选中【黄色】选项，增加它的饱和度让金色更鲜亮一些。图9-49所示为将黄色的【饱和度】值设置为+10时的效果。

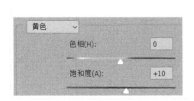

图9-49

9.2.6 色彩平衡

【色彩平衡】用于照片的色调调整，快速纠正图片出现的偏色问题，通过它可以对阴影区域、中间调和高光区域中的颜色分别做出调整。下面通过对一个化妆品海报中偏色的图片的调整，来介绍【色彩平衡】的使用方法。

01 打开素材文件，从画面中可以看到"润肤露瓶"偏色与画面整体色调"格格不入"，如图9-50所示。下面对"润肤露瓶"进行调整。

图9-50

02 选中"润肤露瓶"所在的图层，单击菜单栏【图像】>【调整】>【色彩平衡】命令，打开【色彩平衡】对话框。调整时，首先选择要调整的色调（阴影、中间调、高光），然后拖曳滑块进行调整，滑块左侧的三个颜色是"印刷三原色"，滑块右侧的三个颜色是"色光三原色"，每一个滑块两侧的

颜色都互为补色。滑块的位置决定了添加了什么样的颜色到图像中，当增加一种颜色时，位于另一侧的补色就会相应地减少。本例"润肤露瓶"整体偏色可以先选择【中间调】进行调整。由于图像偏蓝色，因此应该减少蓝色，向左拖曳黄色与蓝色滑块减少蓝色；为了使"润肤露瓶"颜色与画面整体协调，向右拖曳青色与红色滑块增加红色，向右拖曳洋红与绿色滑块增加绿色，设置参数如图9-51所示，效果如图9-52所示。

图9-51

中间调（减蓝色）　　　　　中间调（加红色）　　　　　中间调（加绿色）

图9-52

03 对【中间调】调整后，画面偏色情况基本上纠正，但图像中的阴影部分仍偏一点蓝。选择【阴影】减少阴影中的蓝色含量。设置参数如图9-53所示，效果如图9-54所示。

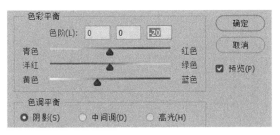

图9-53

图9-54

9.2.7 课堂案例：调整广告中偏色的商品图

在拍摄商品照片时，由于受环境和拍摄设备的影响，拍摄出来的照片往往存在偏色，这时就需要通过后期处理来调整照片的偏色。以家具广告宣传海报为例，原图"沙发"偏色，明显与整体画面色调很不协调，偏色的商品图也会给消费者一种不真实的感觉。下面就对"沙发"进行调整，从而进一步巩固前面所学的调色知识。

扫码看视频

原图　　　　　　　　效果图

操作思路 分析照片偏色情况，考虑使用哪些命令会快速将偏色图片调整到位。本例具体操作分两步：①使用【色彩平衡】命令调整图片偏色；②使用【曲线】命令对图片的明暗进行适当调整。

01 校正图片偏色。打开素材文件，选中"沙发"所在的图层，单击菜单栏【图像】>【调整】>【色彩平衡】命令，打开【色彩平衡】对话框。图片整体偏色，可以选中【中间调】进行调整。

由于图片偏蓝，向左拖动黄色与蓝色滑块，减少图片中的蓝色增加黄色，设置参数如图9-55所示，效果如图9-56所示。

调整后图片偏青，向右拖动青色与红色滑块，减少图片中的青色增加红色，设置参数如图9-57所示，效果如图9-58所示。

图9-55　　　　　　图9-56

图9-57　　　　　　图9-58

02 提亮图片。单击菜单栏【图像】>【调整】>【曲线】命令，打开【曲线】对话框，将"沙发"整体提亮。在曲线的中间位置单击添加一个控制点，向左上角拖动将画面的中间调提亮，【输入】值为128，调整后【输出】值为156，如图9-59所示，此时画面的亮度基本上合适，如图9-60所示。

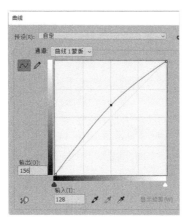

图9-59

图9-60

9.2.8 可选颜色

　　【可选颜色】的调整基于颜色互补关系的相互转换原理，通过它可以修改图像中每个主要原色成分中印刷色的含量。下面通过对一张图片中的天空和地面的调整，介绍【可选颜色】的使用方法。

01 打开自行车比赛宣传海报，从画面中可以看到"运动人物图片"的天空发灰，地面的光感不足，如图9-61所示。下面对该图片进行调整。

图9-61

02 选中"运动人物图片"所在的图层，单击菜单栏【图像】>【调整】>【可选颜色】命令，打开【可选颜色】对话框。印刷色的原色是青、洋红、黄和黑四种。在【可选颜色】对话框，可以看到这四种颜色的选项，如图9-62所示。如果要调整某种颜色中的油墨含量，可以在"颜色"下拉列表中选中这种颜色，然后拖动下方的滑块进行调整。"青色""洋红"和"黄色"滑块向右移动时，可以增加相应的油墨含量；向左移动，则油墨含量会减少，与此同时其补色"红色""绿色"和"蓝色"会增加。

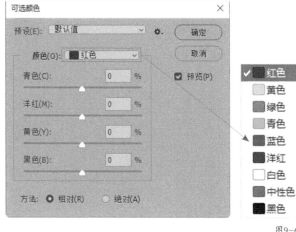

图9-62

03 处理天空色让它变的透蓝。影响天空蓝的颜色是青色和蓝色，在【颜色】选项中选中【青色】，向右拖动"青色"滑块使天空变蓝，向左拖动"黄色"滑块减少黄色增加蓝色，设置参数如图9-63所示，效果如图9-64所示。

图9-63　　　　　　　　　　　　　　　　　　　　　　　　　　　　　图9-64

如果希望图像更蓝更透亮一些，可以在【颜色】选项中选中【蓝色】，在该选项下增加青色、减少黄色。本例调整【青色】选项后天空蓝基本合适，未对【蓝色】进行设置。

04 处理地面颜色，从画面看影响地面颜色的是红色，在【颜色】选项中选中【红】，向左拖动"青色"滑块减少蓝色增加红色，向右拖动"黄色"滑块增加黄色，设置参数如图9-65所示，效果如图9-66所示。

图9-65　　　　　　　　　　　　　　　　　　　　　　　　　　　　　图9-66

> 💡 提示 【可选颜色】对话框最下方"方法"选项用法：选中"相对"可以按照总量的百分比修改现有的青色、洋红、黄色和黑色的含量，例如从50%的青色像素开始添加10%，结果为55%的青色(50%+50%×10%=55%)；选中"绝对"，则采用绝对值调整颜色，例如，从50%的青色像素开始添加10%，则结果为60%的青色。

9.2.9 黑白

　　【黑白】命令是非常强大的制作黑白图像的命令，它可以控制"色光三原色"（红、绿、蓝）和"印刷三原色"（青、洋红、黄）在转换为黑白时，每一种颜色的色调深浅。例如，红、绿两种颜色在转换为黑白时，灰度非常相似，很难区分，影调的层次感就会被削弱，使用【黑白】命令就可以分别调整这两种颜色的灰度，将它们的层次区分开。下面通过将一个运动饮料海报设计中的"彩色人物"转为黑白图像，介绍【黑白】命令的使用方法。

01 打开运动饮料宣传海报设计文件，如图9-67所示。从画面中可以看到"饮料"与"人物"在板面中所占的比重差不多，不能凸显出"饮料"，此时可以考虑将人物转为黑白图像，这样就可以从色彩上突出"饮料"。下面进行调整。

图9-67

02 将"人物"转为黑白图像前，先将人物衣服上的桔红色边调整为与左侧相应的蓝色。这样处理既可以增加画面的设计感，又可以使版面左右的图像相呼应。为"橘红色衣服边"创建选区（此处为获得较为准确的选区，采用钢笔工具绘制并创建选区），按【Ctrl+J】组合键，将其单独复制到一个新图层中，使用【色相/饱和度】调整该图层的颜色，设置参数如图9-68所示，效果如图9-69所示。

图9-68

图9-69

03 将"人物"转为黑白图像。选择"人物"所在的图层，单击菜单栏【图像】>【调整】>【黑白】命令，打开【黑白】对话框，如图9-70所示，此时画面自动转为黑白效果，如图9-71所示。

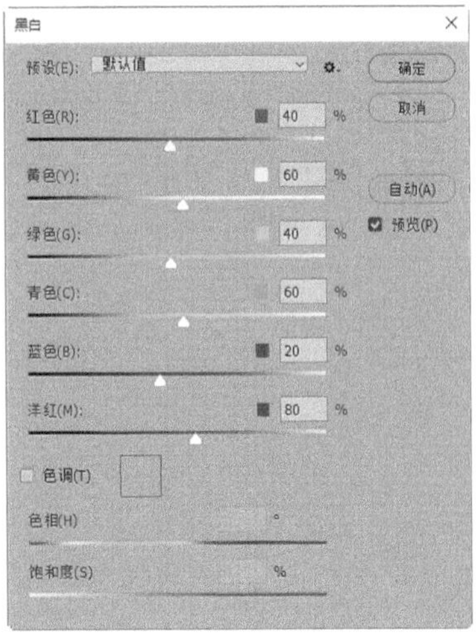

图9-70

图9-71

04 如果要对某种颜色进行单独调整，可以选中并拖动该颜色滑块进行设置，向右拖动可以将颜色调亮，向左拖动可以将颜色调暗。图9-72所示将"黄色"滑块向左拖动至合适位置，此时画面中黄色相应的区域被调暗，如图9-73所示。

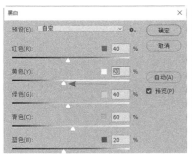

图9-72   图9-73

9.2.10 课堂实训：调整偏色的白色衣物

例图是一个洗衣液海报，可以看到画面中的"白色衣物"偏黄与画面整体色调不
搭，如何调色使"白色衣物"不显得突兀，画面整体色调更统一呢？

扫码看视频

操作思路 具体操作分两步：①使用【色彩平衡】调整图层，将"白色衣物"去掉
黄色，让色调倾向与淡蓝色，使其与画面整体色调统一；②使用【曲线】调整图层，
适当调亮"白色衣物"，使"白色衣物"更洁净。

原图

效果图

9.3 课后习题

本例是一个"化妆品直通
车"宣传图，从画面中可以看到
花朵暗淡并且颜色与整体色调不
协调，如何调整使花朵颜色融合
到画面中？

原图

效果图

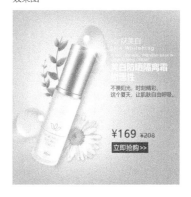

操作思路 具体操作分两步：①使用【亮度/对比度】命令适当提亮图像的亮度和对比度；②使
用【色相/饱和度】命令调整花朵的色相（将花蕊颜色调整为柠檬黄色），使花朵的颜色很好地融入
画面。

第 **10** 章

图像的变形与修饰

本章内容导读

本章分变形和修饰两大部分。变形是使用透视剪裁工具、【内容识别缩放】和【液化】对图像进行拉伸或变形操作。图像修饰可以分为两大类，如污点修复画笔工具、修补工具、仿制图章工具主要用于去除画面瑕疵，而【高斯模糊】【智能锐化】等用于局部的细节优化。

重要知识点

- 掌握透视剪裁工具、【内容识别缩放】和【液化】命令的应用
- 掌握污点修复画笔工具、修补工具、仿制图章工具和【内容识别】的应用
- 掌握【高斯模糊】【高反差保留】【智能锐化】的应用

学习本章后，读者能做什么

通过本章学习，读者可以制作宽幅照片，校正透视变形照片，还可以去除人物面部的痘痘、皱纹及服装上的多余褶皱，去除背景杂物、穿帮画面，对人物进行美体塑形以及磨皮和锐化等操作。

IMAGE DEFORMATION AND MODIFICATION

10.1 图像变形

在Photoshop中除了可以使用【变换】命令对图像进行变形操作外，还可以使用透视剪裁工具、【内容识别缩放】和【液化】命令对图像进行变形操作。

10.1.1 使用透视剪裁工具处理透视畸变

使用透视剪裁工具 🔲 可以将具有透视畸变的照片平面化，比如画展上拍摄的字画、翻拍的证件等。这里以影展上翻拍的摄影作品为例进行讲解，读者只要遇到类似情况，都可以利用此方法对畸变照片进行平面化处理。

01 打开素材文件，如图10-1所示，这是一张在影展中翻拍的作品，由于展品悬挂位置过高或其拍摄位置不佳，导致拍摄出的画面产生畸变。

02 单击透视裁剪工具 🔲，在油画框四个角的位置单击（以十字中心为基点），在操作过程中会出现辅助网格线以辅助点完成点与四角对齐的操作，如图10-2所示。

图10-1

图10-2

03 如果4个点的定位不够精准，可以移动网格的点或线做进一步调整，以确保网格与边框严密贴合，如图10-3所示。这时只需在画面中双击鼠标即可进行确认操作，完成的平面化效果如图10-4所示。

图10-3

图10-4

虽然我们通过透视剪裁处理了透视畸变问题，但画面的边框不够平直，下面使用变形命令手动拉直画框边角。

04 单击菜单栏【编辑】>【变换】>【变形】命令，在图像窗口中可以看到照片上自动添加了一个变换框（变换框将照片分成9个图像区域，在拖动鼠标指针的同时可对相关区域的图像进行移动），在变换框上拖动图像，使画面边框平直，如图10-5所示。

05 按【Enter】键确认操作，按【Ctrl+;】组合键取消显示参考线，如图10-6所示。

图10-5

图10-6

10.1.2 使用内容识别缩放将画面变宽

想要将普通画幅变成宽画幅，如果使用普通缩放命令直接拉宽画幅会使画面变形，那么此时可以使用【内容识别缩放】命令。这个命令主要影响没有重要可视内容区域中的像素，在缩放图像时，画面中的人物、建筑、动物等不会变形。例如，在设计旅游画册内页时，根据版式要求需要一张宽幅海边人物照片，但手头只有一张常规尺寸的风景人物照片，如何将它处理成宽幅照片？具体操作步骤如下。

01 打开素材文件中的风景人物和旅游画册内页文件，如图10-7、图10-8所示。

图10-7

图10-8

02 将风景人物照片添加
到旅游画册内页中并以剪
贴蒙版的方式置入灰色矩
形，使用【变换】命令将
风景人物照片缩放到矩
形的高度，并将风景人物
照片和矩形同时选中，执
行【左对齐】操作，如图
10-9所示。

图10-9

03 将普通照片变宽幅。先尝试使用【自由变
换】命令拉伸画面。选择"风景人物"图层，按
下【Ctrl+T】组合键，图像添加一个变换框，按
住【Shift】键向右拖动变换框将画幅拉宽，可以
看到自由变换操作对图像所有区域的拉伸是均匀
的，照片中的人物已经变形，因此不能使用该命
令拉伸照片，如图10-10所示。

图10-10

04 按【Esc】键，取消自由变换操作，将图像恢复到未拉伸状态。单击菜单栏【编辑】>【内容识
别缩放】命令，此时图像出现变换框，按住【Shift】键向右拖曳变换框将画幅拉宽，可以看到作为
主体的人物形状未发生形状改变，而背景的天空和水面被自然地拉伸成了宽幅，如图10-11所示。按
【Enter】键确认操作，如图10-12所示。

图10-11

图10-12

10.1.3 使用【液化】滤镜修出完美脸型

　　【液化】滤镜通过改变照片中像素的位置，对像素进行变形从而达到调整图像形状的目的，因此在操
作中实际上是对图像的像素位置进行重新调整。在对人物五官、身形以及景物照片中某些图像形状的编辑

中，通常会使用【液化】滤镜来进行修饰。下面通过对眼霜广告中产品模特的面部修饰操作，来详细讲解【液化】滤镜的使用方法。

01 打开的素材文件中的"产品模特"，如图10-13所示。从图中可以看到人物眼睛有点小，面部略宽，如图10-13所示。下面使用【液化】命令进行调整。

02 对人物面部进行液化时要遵循基本原则：保持人物本身的生长特质，以"三庭五眼"为标准进行修饰。单击菜单栏【滤镜】【液化】命令，打开【液化】对话框，照片中的人脸被自动识别，对话框右侧【人脸识别液化】选项启动，可以对眼睛、鼻子、嘴唇、脸部形状选项的各个部件进行单独控制。根据原图存在的问题，设置

图10-13

【眼睛大小】数值分别为70/70，将眼睛调大，将下颌与脸部宽度缩小，设置【下颌】值为-30，【脸部宽度】值为-30，将下颌与脸部宽度缩小，如图10-14所示。效果如图10-15所示。

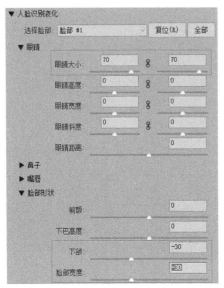

图10-14

图10-15

除了设置【人脸识别液化】选项外，在【液化】对话框中还可以手动对图像进行变形操作。在【液化】对话框左侧包含向前变形工具 、褶皱工具 、膨胀工具 等多种变形工具，分别可以对图像进行推、拉、膨胀等操作。该例图人物的脖子稍显粗壮，下面使用向前变形工具 将人物脖子外形稍往里收一下。

03 单击【液化】对话框左侧的向前变形工具 ，在人物左侧脖子弧度处单击按住鼠标左键不松向右拖动，将该处收进一些，如图10-16所示。按相同方法将人物的脖子两侧收进一些，注意，在进行手动修形时一定要把握住人物本身的形体结构。使用向前变形工具要注意在调整较大弧度时可以将"画笔大小"调大，在调整较小弧度时可以将"画笔大小"调小，并且使用该工具时力度一定要适当。在

【液化】对话框右侧【画笔工具选项】组中可以设置画笔大小、浓度和压力等。人物脖子做液化处理前后的效果，如图10-17所示。

图10-16

液化前

液化后

图10-17

04 将调整好的"产品模特"添加到眼霜宣传广告中，如图10-18所示。

💡提示 【液化】对话框下方有一个【预览】选项，通过该选项可以对比液化前后效果差异。选中该选项显示液化后的效果，取消选中该选则项显示液化前的效果。

图10-18

10.2 图像瑕疵修饰

风景照片中多余的干扰物、穿帮，人物面部的痘痘、斑点、瑕疵，以及衣服的褶皱等，这些问题都可以在Photoshop中轻松解决。Photoshop提供了大量的照片修复工具，下面就来了解一些常用修饰工具的使用方法，以便灵活应用于不同场合的修饰操作。

10.2.1 使用污点修复画笔工具去除污点

污点修复画笔工具 ，可以消除图像中较小面积的瑕疵，例如人物皮肤的斑点、痣或者去除画面中细小杂物。使用该工具直接在瑕疵上单击即可去除，修复后的区域会与周围图像自然融合，包括颜色、明暗、纹理等。下面通过为一个杂志封面人物的皮肤去斑点、痣，详细介绍污点修复画笔工具的使用方法。

01 打开素材文件，如图10-19所示。从图中可以看到人物面部有一些斑点。下面使用污点修复画笔工具将人物面部斑点去除。先复制一个图层，在复制的图层上进行修饰，这样可以不破坏原始图像。图10-20所示为放大的细节图。

图10-19　　　　　　　　　　　　　　　　　　　　图10-20

02 使用工具箱中的污点修复画笔工具，在选项栏中选择一个柔角笔尖，将【类型】设置为【内容识别】，设置合适的笔尖大小，在人物面部斑点处单击，即可去除斑点，如图10-21所示。

图10-21

对于不规则的斑点也可以使用污点修复画笔工具（像使用画笔涂抹一样）拖动鼠标指针进行涂抹，涂抹后的地方将智能化地与周边皮肤进行融合。

03 继续使用污点修复画笔工具，对人物皮肤上的较小斑点和痣依次单击或涂抹去除，去除后效果如图10-22所示。由于污点修复画笔工具适合对一些细小瑕疵进行修饰，对于一些较大瑕疵使用该工具修饰后，100%放大图片查看效果会发现有时候纹理细节效果并不理想，此时可以考虑使用Photoshop中的修补工具。

图10-22

10.2.2 使用修补工具去除污点

修补工具 ⬤ 常用于修饰图像中较大的污点、穿帮画面、人物面部的痘印等。修补工具是利用其他区域的图像来修复选中的区域，它与污点修复画笔工具一样，可以智能地使修复后的区域与周围图像自然融合。继续使用上一例图，在使用污点修复画笔工具修复的基础上，使用修补工具去除人物面部较大斑点。

01 打开素材文件并将其放大，如图10-23所示。

02 使用工具箱的修补工具，将鼠标指针移至斑点处，按住鼠标左键沿斑点边缘拖动绘制（在选区与斑点边缘稍微让出一点距离，以便图像的融合），松开鼠标得到一个选区，将鼠标指针放置在选区内，向与选区内纹理相似的区域拖动（选区中的像素会被拖动位置的像素替代），如图10-24所示。移动到目标位置后松开鼠标，即可查看修补效果，如图10-25所示。

图10-23

图10-24

图10-25

03 继续使用修补工具，去除人物皮肤上的斑点，效果如图10-26所示。

图10-26

10.2.3 使用仿制图章工具去除杂物

仿制图章工具  是后期修饰中相当重要的工具，该工具常用于人物皮肤的处理或去除一些与主体较为接近的杂物。使用仿制图章工具能完全照搬取样位置图像覆盖到需要修补的地方。如果使用仿制图章工具修复后的区域与周围没有融合，可以通过设置不透明度与流量来控制覆盖图像的浓淡程度。下面通过去除人物背景处的干扰物，详细介绍仿制图章工具的使用方法。

01 打开素材文件中的人像照片，如图10-27所示。从图中可以看到背景中的光束与人物面部重叠。下面使用仿制图章工具将干扰人物面部的光束精确地消除掉。为了避免原始图像被修改，应在复制的图层上进行修饰。

图10-27

02 单击工具箱中的仿制图章工具，设置合适的笔尖大小，在需要修复位置的附近按住【Alt】键单击，拾取像素样本，如图10-28所示。接着将鼠标指针移动到画面中需要修复的位置，按住鼠标左键进行涂抹覆盖（沿背景纹理进行涂抹覆盖，并可进行多次覆盖操作），效果如图10-29所示。

图10-28

图10-29

03 消除面部、发丝处的光束。此处不能直接使用仿制图章工具，仿制容易使边界错位以致修补到不该修补的区域。要修补这种干扰物与主体太近的区域时，可以先将需修补区域创建为选区，然后进行修补操作（基于选区的特性，选区内的图像能进行修改，选区外的图像会被保护）。使用快速蒙版创建选区（使用柔边笔尖绘制并创建羽化效果的选区，可以使修补的边缘自然过渡），如图10-30所示。

图10-30

04 使用仿制图章工具，顺着背景纹理将选区内的光束覆盖掉，效果如图10-31所示。将与人物面部重叠部分的光束处理掉后，可以继续使用仿制图章工具处理掉上半段光束，但使用该工具修补此处会费时费力。此时可以考虑使用【内容识别】命令，它可以快速去除大面积的干扰物。

图10-31

10.2.4 使用【内容识别】命令大面积去除杂物

当画面中有较大面积的杂乱场景需要修复时，如果使用仿制图章工具或修补工具去除，不但费时费力，还容易出现过渡不自然的痕迹。使用【内容识别】命令对图像的某一区域进行覆盖填充时，Photoshop会自动分析周围图像的特点，将图像进行拼接组合后填充在该区域并进行融合，从而呈现快速无缝的拼接效果，配合选区的操作，可以一次性去除多个画面元素。继续使用上一例图，在使用污点修复画笔工具修复的基础上，使用【内容识别】命令去除上半段光束。

01 打开素材文件。使用【内容识别】命令前要在需进行内容识别填充的区域创建选区，此处使用套索工具将上半段光束创建为选区（选区要比需去除的区域大一些，以便预留出融合空间），如图10-32所示。

图10-32

02 单击菜单栏中的【编辑】>【填充】命令或按【Shift+F5】组合键，打开【填充】对话框，在【内容】选项中选中【内容识别】命令，其他为默认设置，如图10-33所示。单击【确定】按钮执行内容识别填充，如果一次填充效果不理想，可以做多次填充，效果如图10-34所示。

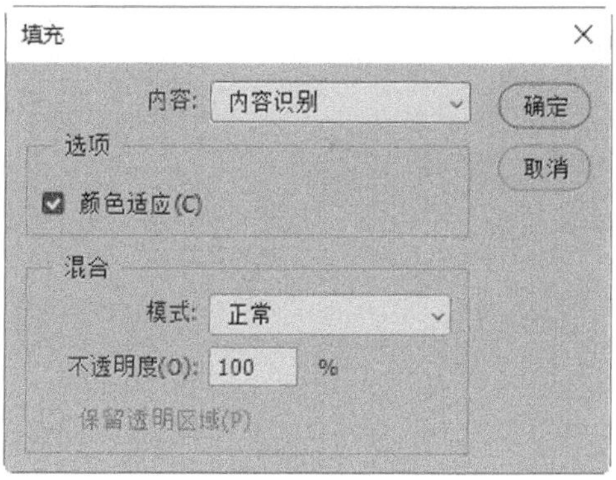

图10-33

图10-34

10.2.5 课堂实训：去除人像照片中的瑕疵和杂物

对人像照片处理时，通常要对画面的细节进行修饰，例如人物面部瑕疵、衣服褶皱、画面背景的杂物等。本例需要去除人物面部的痣、痘印，墙面的污点、插座，地面污点等。

扫码看视频

原图

效果图

操作思路 分3步制作：①使用污点修复画笔工具与修补工具去除人物面部瑕疵以及墙面和地面的污点；②使用修补工具去除地面污点；③使用仿制图章工具与【内容识别】命令去除墙面插座。

10.2.6 课堂实训：用仿制图章工具去除女孩脚底杂物

仿制图章工具常用来去除水印、消除人物面部斑点、去除杂物等，本例使用仿制图章工具去除女孩脚底杂物。

操作思路 分3步制作：①使用套索工具将脚底杂物区域创建为选区；②羽化选区，使修补区域与周边自然融合；③使用仿制图章工具去除杂物。

扫码看视频

原图

效果图

10.3 磨皮与锐化

磨皮与锐化是在图像细节修饰完成后进行的处理工作。磨皮是美化人像照片的重要操作，指对人物的皮肤进行美化处理，使皮肤显得白皙、光滑、细腻。锐化则用于处理细节纹理不清晰的照片。

10.3.1 使用【高斯模糊】滤镜磨皮

在Photoshop中磨皮的方法有很多种，使用【高斯模糊】滤镜磨皮是比较常用的一种磨皮方式，它可以使图像产生朦胧的效果。

01 打开素材文件夹中的人像照片，从画面中可以看到人物皮肤粗糙并且有斑点、皱纹等，如图10-35所示。

图10-35

02 在使用【高斯模糊】滤镜前，先使用仿制图章工具和修补工具，将人物面部的斑点、皱纹去除。复制背景图层，重命名为"去除斑点、皱纹"，在该图层上进行修饰，效果如图10-36所示。

03 复制"去除斑点、皱纹"图层，重命名为"高斯模糊"，单击菜单栏【滤镜】>【模糊】>【高斯模糊】命令，打开【高斯模糊】对话框，设置【半径】值为8.0像素，如图10-37所示，效果如图10-38所示。

图10-36

图10-37

图10-38

　　【半径】 通过该选项可以设置模糊的范围，它以像素为单位，数值越高，模糊效果越强烈。人像磨皮【半径】一般设置为8.0像素左右，使用这个数值可得到人物皮肤光滑，轮廓又不至于太模糊的效果。

04 按住【Alt】键单击【添加图层蒙版】按钮 ，为"去除斑点、皱纹"图层添加一个黑色蒙版。将【前景色】设置为白色，使用一个柔边笔尖画笔，在选项栏中将【不透明度】设置为30%，设置合适的笔尖大小；选中图层蒙版后在人物面部皮肤处涂抹，将人物眼睛、眉毛、嘴巴处留出来避免受模糊影响，效果如图10-39所示。

图10-39

05 使用【高斯模糊】滤镜进行磨皮后图像的明暗对比稍弱。使用【曲线】对画面进行亮度调整，创建【曲线】调整图层。在曲线的"中间调"上添加控制点向左上角拖动，【输入】值为128，调整后【输出】值为150，将画面整体调亮；单击曲线上的右端端点向左拖动，【输入】值为255，调整后【输出】值为252，提亮画面高光，如图10-40所示。完成后的效果如图10-41所示。

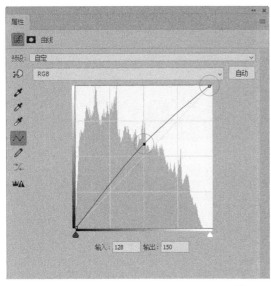

图10-40

图10-41

10.3.2 使用【高反差保留】滤镜对图片进行锐化

　　【高反差保留】滤镜可以将图像中颜色、明暗反差较大的两部分交界处按指定的半径保留边缘细节，而其他大面积的无明显明暗变化的地方则生成中灰色。该滤镜要配合图层混合模式使用才能实现提取画面纹理的作用。例如使用【高斯模糊】滤镜对人物进行磨皮处理后，人物皮肤过于光滑，此时可以通过使用【高反差保留】滤镜将人物皮肤细节纹理提取出来，增加人物皮肤质感。

01 打开素材文件，选中【图层】面板中的"去除斑点、皱纹"图层（该图层纹理细节没有被破坏，可用于提取画面纹理），复制该图层重命名为【高反差保留】，将该图层移动到图层面板的最上方，如图10-42、图10-43所示。画面显示如图10-44所示。

图10-42

图10-43

图10-44

02 单击菜单栏的【滤镜】>【其他】>【高反差保留】命令，打开【高反差保留】对话框，设置【半径】值为1.0像素（画面中只显示人物轮廓），单击【确定】按钮，应用高反差保留效果，如图10-45所示。

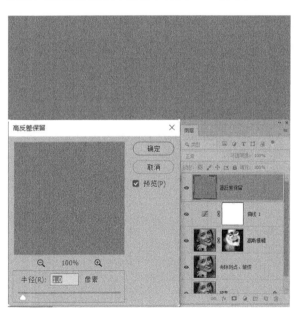

图10-45

【半径】 通过该选项可以调整原图像保留的程度，数值越高，保留的原图像越多。例图【半径】设置为1.0像素，使用这个数值，人物五官轮廓、皮肤细节较为自然。

03 将【高反差保留锐化】图层的图层【混合模式】设置为【线性光】，如图10-46所示，完成最终效果后，画面中的轮廓变得清晰。图10-47所示为放大画面时截取的局部使用【高反差保留】锐化前后的图像的对比效果。

图10-46

【高反差保留】锐化前

【高反差保留】锐化后

图10-47

10.3.3 使用【智能锐化】滤镜对图片进行锐化

拍摄照片时，如果持机不稳或没有准确对焦，拍摄的画面就会发虚，Photoshop提供了强大的锐化功能，可以锐化照片，让细节更清晰，【智能锐化】滤镜是一种比较常用的锐化方式。【智能锐化】滤镜提供了许多锐化控制选项，可以在锐化的同时清除由锐化所产生的杂色，精确地控制锐化效果。对人物皮肤去斑点、痣后，可以对照片进行适当的锐化处理。下面通过对杂志封面人物进行锐化，详细介绍【智能锐化】命令的使用方法。

01 打开素材文件，从画面中可以看到人物眼睛发虚，如图10-48所示。

图10-48

02 单击菜单栏【滤镜】>【锐化】>【智能锐化】命令，打开智能锐化对话框进行参数设置，如图10-49所示，效果如图10-50所示。

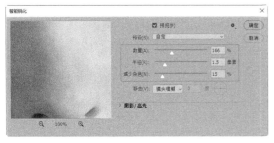

图10-49

图10-50

03 将锐化后的照片添加到杂志封面中，效果如图10-51所示。

【智能锐化】对话框选项

【**数量**】 用来设置锐化数量，较高的值可以增强边缘像素之间的对比度，使图像看起来更加锐利。可以根据图像的模糊程度设置锐化数量，本例设置【数量】值为166%。

【**半径**】 决定受锐化影响的边缘像素范围，半径值越大，受影响的边缘越宽，锐化的效果也就越明显，人像锐化半径通常设置为1.0~1.5像素，本例设置【半径】值为1.5像素。半径数值太大，图像轮廓会有黑边白边的出现，影响画质效果，如图10-52所示。

【半径】值为10像素

图10-52

图10-51

【**减少杂色**】 使用该选项可以减少锐化时产生的杂色，从而保持图像中的重要边缘不受影响。

提示 在对照片进行锐化的过程中，具体的锐化值要根据照片的实际情况来定，因为过度的锐化会让画面显示出过重的人为处理痕迹。

10.4 课后习题：使用【液化】滤镜为美女瘦身

人像照片后期修饰中，对于身形的调整通常使用【液化】滤镜，本例就是通过【液化】滤镜进行瘦身，让人物的身形更加完美。

原图

效果图

第 **11** 章

蒙版与通道的应用

本章内容导读

本章主要讲解蒙版与通道的原理以及它们在实际工作中的具体应用。

重要知识点

- 充分理解蒙版的概念和用途
- 掌握图层蒙版、剪贴蒙版、矢量蒙版与快速蒙版的创建及应用
- 充分理解通道的概念和用途
- 熟练掌握通道的调色方法和抠图方法

学习本章后，读者能做什么

通过本章学习读者可以借助图层蒙版对图像进行合成，在该过程中可以轻松地隐藏或显示图像的部分区域；可以通过剪贴蒙版将图像限定在某个形状中；可以通过快速蒙版快速创建选区。读者还可以利用通道与选区的关系抠出人像、有毛发的动物、薄纱或水等较为复杂的对象，以及利用通道进行调色。

APPLICATION OF MASK AND CHANNEL

11.1 关于蒙版

蒙版用于图像的修饰与合成，例如在创意合成的过程中，经常需要将图片的某些部分隐藏，以显示特定的内容，如果直接删掉或擦除图片的某些部分，被删除的部分将无法复原。而借助蒙版功能就能够在不破坏图片内容的情况下，轻松地实现隐藏或复原图片的某些部分。Photoshop中的蒙版分为4种：图层蒙版、剪贴蒙版、矢量蒙版和快速蒙版。

11.2 图层蒙版

"图层蒙版"通过遮挡图层内容，使其隐藏或透明，从而控制图层中显示的内容，它不会删除图像。"图层蒙版"应用于某一个图层上，为某一个图层添加"图层蒙版"后，可以在图层蒙版上绘制黑色、白色或灰色，通过黑、白、灰来控制图层内容的显示或隐藏。在"图层蒙版"中显示黑色的部分，其图层中的

内容就被完全隐藏；显示灰色部分，图层中的内容呈半透明状态；显示白色的部分，图层中的内容完全显示，如图11-1所示。

图层显示效果　　　蒙版

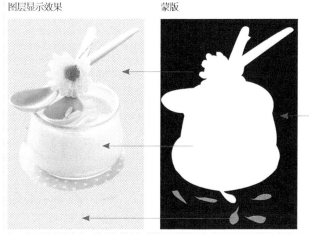

图11-1

11.2.1 创建图层蒙版

创建图层蒙版有两种方式：①在图像中没有选区的情况下，可以创建空白蒙版；②在图像中包含选区的情况下创建图层蒙版，选区以内的图像为显示状态，选区以外的图像被隐藏。

直接创建图层蒙版

01 打开一个杂志封面文件，从画面中可以看到刊名"FANTASY"遮挡住了人物头发，如图11-2所示。下面我们为"刊名"图层创建图层蒙版，将挡在头发处的文字隐藏起来。

图11-2

02 选中"刊名"图层，单击【图层】面板中的【添加图层蒙版】按钮 ▣，如图11-3所示，该图层缩览图的右边会出现一个图层蒙版缩览图标，如图11-4所示。

图11-3

图11-4

💡 提示   在【图层】面板中选中要创建蒙版的图层，直接单击【添加图层蒙版】按钮 ▣，即可为图层添加白色图层蒙版；按住【Alt】键单击【添加图层蒙版】按钮 ▣，即可为图层添加黑色图层蒙版。

在默认状态下，添加图层蒙版时会自动填充白色，因此，蒙版不会对图层内容产生任何影响。如果想要隐藏某些内容，可以将蒙版中相应的区域涂抹为黑色；想让其重新显示，涂抹为白色即可；想让图层内容呈现半透明效果，可以将蒙版涂抹为灰色。以上就是使用"图层蒙版"时的编辑思路。

画笔工具 ✐ 或渐变工具 ▣ 是非常适合在"图层蒙版"上使用的两个编辑工具。画笔工具灵活度高，可以控制任意区域的透明度，渐变工具可以快速创建平滑渐隐的过渡效果。

03 创建图层蒙版后，使用画笔工具对蒙版进行编辑。选用一个柔边画笔，将前景色填充为"黑色"，选择图层蒙版缩览图，使用画笔工具在画面的人物头发处的刊名的"NTA"上进行涂抹，将人物头发显示出来，效果如图11-5所示。

图11-5

进入蒙版编辑状态 对蒙版进行编辑时，如果需要在图像窗口中直接对蒙版里面的内容进行编辑，可以按住【Alt】键的同时单击该蒙版的缩览图，即可选中蒙版并在图像窗口中显示该蒙版的内容，如图11-6所示。使用该方法也可以查看蒙版的涂抹情况。

退出蒙版编辑状态 再次按住【Alt】键的同时单击该图层蒙版缩览图，即可退出蒙版编辑状态，在图像窗口中可以预览修改蒙版后的图像。

提示 为图层添加蒙版后，图层中既有图像，又有蒙版，进行编辑时，如果要对图像进行编辑，就要选择图像缩览图；如果要对蒙版进行编辑，就需要选择蒙版缩览图。如何知道Photoshop处理的是哪种对象呢？可以观察缩览图，哪一个四角上有边框，就表示哪一个被选中。

图11-6

基于选区创建图层蒙版

在Photoshop中，可以基于选区直接创建图层蒙版。例如，在对图像进行抠图操作时，将画面中需要提取的图像创建选区，如果不想将原图背景删掉，此时可以使用"蒙版"将背景隐藏，完成抠图操作。

01 使用钢笔工具将画面中需要提取的图像创建成路径并转换为选区（具体操作方法见第6章），如图11-7所示。

图11-7

02 选择该图层，单击【图层】面板中的【添加图层蒙版】按钮 ◘，可以看到选区以内的图像显示，选区以外的图像被隐藏，如图11-8所示。

图11-8

从蒙版中载入选区 按住【Ctrl】键的同时单击图层蒙版缩览图，如图11-9所示，即可从蒙版中载入选区，如图11-10所示。

图11-9

图11-10

11.2.2 编辑图层蒙版

在图层上添加蒙版后，还可以对蒙版进行停用蒙版、启用蒙版、删除蒙版和复制图层蒙版等操作。这些操作对于矢量蒙版同样适用。

停用图层蒙版

停用图层蒙版可使加在图层上的蒙版不起作用。使用该功能可方便地查看蒙版使用前后的对比效果。右击图层蒙版缩览图，在弹出的快捷菜单中单击【停用图层蒙版】命令，即可停用图层蒙版，使原图层内容全部显示出来，如图11-11、图11-12所示。

图11-11

图11-12

启用图层蒙版

在"图层蒙版"停用的状态下，单击图层蒙版缩览图可以恢复显示图层蒙版效果；或者右击图层蒙版缩览图，在弹出的快捷菜单中单击【启用图层蒙版】命令，也可以恢复显示图层蒙版效果（该方法适合矢量蒙版使用）。

删除图层蒙版

如果要删除图层蒙版，右击图层蒙版缩览图，在弹出的快捷菜单中单击【删除图层蒙版】命令，即可删除图层蒙版，如图11-13、图11-14所示。

图11-13

图11-14

复制图层蒙版

在Photoshop中处理图像时经常需要将一个图层上的蒙版复制到另外一个图层上。下面通过使用调整图层功能调整图片颜色，来讲解复制图层蒙版的使用方法。

01 打开网店女包首屏海报，如图11-15所示，从画面中可以看到"手提包"偏灰暗，下面使用调整图层对其进行校色调整。

图11-15

02 选中"手提包"所在的图层并为其创建选区（载入当前图层选区），如图11-16所示。单击【调整】面板中的【创建新的亮度/对比度调整图层】按钮■，创建【亮度/对比度】调整图层（调整图层自带图层蒙版），此时该调整图层选区之外的区域被蒙版遮盖，调整效果只对"手提包"产生影响，如图11-17所示。

图11-16　　　　　　　　　　　　　　　　　　　　　　　　图11-17

03 在【亮度/对比度】调整图层的属性面板中，设置【亮度】值为20提亮手提包，【对比度】值为10增加手提包的明暗对比，如图11-18所示。效果如图11-19所示，此时"手提包"的亮度合适，但"手提包"颜色偏黄不够粉嫩。下面使用【色彩平衡】进行调整，让"手提包"呈现粉色。

图11-18　　　　　　　　　　　　　　　　　　　　　　　　图11-19

04 单击【调整】面板中的【创建新的色彩平衡调整图层】按钮■，创建【色彩平衡】调整图层，如图11-20所示，此时该调整图层对它下方的所有图层都起作用。为了使色彩平衡的调整效果只对手提包产生影响，需将【亮度/对比度】的图层蒙版复制到【色彩平衡】调整图层上，方法是按住【Alt】键将【亮度/对比度】的图层蒙版拖动到【色彩平衡】调整图层上，然后单击【是】按钮，如图11-21所示。

图11-20　　　　　　　　　　　　　　　　　　　　　　　　图11-21

05 在【色彩平衡】的属性面板中，选中"中间调"。向右拖动黄色与蓝色滑块增加蓝色，色值为+15，向右拖动青色与红色滑块增加红色，色值为+20，使"手提包"呈粉色，如图11-22所示。调整效果如图11-23所示。

图11-22　　　　　　　　　　　　　　　　　　　　　　　　图11-23

11.3 剪贴蒙版

剪贴蒙版是通过一个对象的形状来控制其他图层的显示区域，该形状之内的区域显示出来，而该形状之外的区域被隐藏。

剪贴蒙版是由两个及两个以上的图层组成，整个组合叫作剪贴蒙版，最下面一层叫基底图层（它的图层名称带有下划线），也叫作遮罩，其他图层叫作剪贴图层（图层缩览图前带有 ↓ 状图标），如图11-24所示。修改基底图层的形状会影响整个剪贴蒙版的显示区域；而反过来，修改某个剪贴图层，只会影响本图层而不会影响整个剪贴蒙版。

图11-24

11.3.1 创建剪贴蒙版

剪贴蒙版主要用于合成图像。下面以一个中国风美食海报为例，介绍剪贴蒙版的使用方法。

01 打开素材文件中的美食海报，如图11-25所示，可以看到将美食照片直接放置在画面上，显得呆板，此时可以通过一个水墨素材，将美食图片以剪贴蒙版的形式置入水墨素材，制作出中国风美食海报。

图11-25

02 打开一个"水墨"素材，如图11-26所示，使用移动工具将"水墨"拖入美食海报并将该图层名称改为"水墨"，如图11-27所示。

图11-26　　　　　　　　图11-27

03 由于剪贴图层位于基底图层的上方，因此在【图层】面板中需要将"美食"图层移至"水墨"图层的上方，如图11-28所示。选中"美食"层，单击菜单栏【图层>创建剪贴蒙版】命令，将该图层与它下面的"水墨"图层创建一个剪贴蒙版组，如图11-29所示。创建剪贴蒙版后的画面效果如图11-30所示。

图11-28

图11-29

图11-30

在剪贴蒙版中，基底图层只能有一个，而在其上的剪贴图层则可以有多个。

将多个图层内容创建剪贴蒙版 下面以一个手机UI界面为例，介绍如何将多个图层创建到一个剪贴蒙版组中。打开素材文件，如图11-31所示，如果要将"人物1"和"人物2"图层同时置入它下方的"矩形"图层中，选中这两个图层，然后在图层名称的后方右击，在弹出的快捷菜单中单击【创建剪贴蒙版】命令，即可将它们创建到一个剪贴蒙版组中，如图11-32所示。

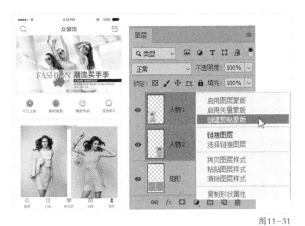
图11-31

图11-32

11.3.2 编辑剪贴蒙版组

将图层移入或移出剪贴蒙版组 将图层拖动到基底图层的上方，可将其加入剪贴蒙版组，如图11-33所示；将图层拖出剪贴蒙版组则可释放该图层，如图11-34所示。

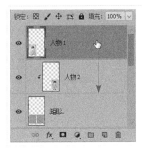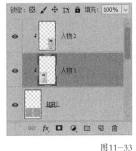
图11-33

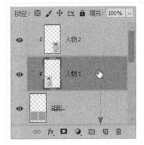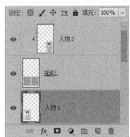
图11-34

释放剪贴蒙版组 选中基底图层上方的剪贴图层，如图11-35所示。单击菜单栏【图层>释放剪贴蒙版】命令，可以解散剪贴蒙版组，释放所有图层，如图11-36所示。

图11-35

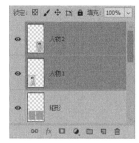

图11-36

11.4 快速蒙版

快速蒙版是一种特殊的临时蒙版，它的作用就是创建选区。在使用快速蒙版工具时需要结合画笔工具同时使用。

快速蒙版通常在摄影后期处理中，需对照片进行局部处理时使用。例如，在对人像照片调色时，为了达到最佳的处理效果，需要对局部进行处理，使用快速蒙版可以把这些需要处理的局部区域快速创建成选区，以便进行单独调整。下面通过对一张人像照片的人物面部进行明暗调整，来介绍快速蒙版的使用方法。

01 打开人像照片，由于逆光拍摄例图人物面部显得较暗，需要将面部适当调亮。单击工具箱底部的【以快速蒙版模式编辑】按钮 或者按【Q】键，该按钮将变为【以标准模式编辑】按钮 ，表明已经处于快速蒙版编辑状态，如图11-37所示。

图11-37

02 设置前景色为黑色。单击工具箱中的画笔工具按钮，使用一个柔边画笔，在工具选项栏中将【不透明度】和【流量】选项值设置为100%，在人物面部涂抹，此时画面显示半透明的红色覆盖效果（这是默认蒙版颜色），涂抹时按【[】和【]】键可控制笔尖大小。涂抹完成后，如图11-38所示。

图11-38

💡提示 快速蒙版编辑模式下只能使用黑、白、灰颜色进行绘制，使用黑色画笔绘制的部分在画面中呈现出被半透明的红色覆盖的效果；使用白色画笔可以擦掉快速蒙版。

03 单击【以标准模式编辑】按钮 回 切换回正常模式，此时画笔工具所涂抹区域转换为选区，如图11-39所示。

图11-39

💡提示 快速蒙版转为选区时，有时会在蒙版涂抹区域之外创建选区。这是由于在【快速蒙版选项】对话框中选中了【被蒙版区域选项（M）】。在工具箱中双击【以快速蒙版模式编辑】按钮，可以打开【快速蒙版选项】对话框，如图11-40所示。在该对话框中选中【所选区域（S）】，即可在蒙版涂抹区域之内创建选区。

图11-40

04 单击菜单栏【图像】>【调整】>【曲线】命令，打开【曲线】对话框，由于面部整体偏暗，在曲线的中间位置添加一个控制点，向左上拖动提亮画面的中间调，【输入】值为128，调整后【输出】值为147，如图11-41所示，最终效果如图11-42所示。

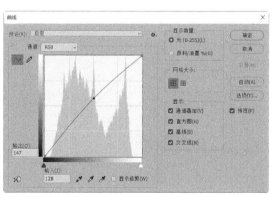

图11-41

图11-42

将选区转为快速蒙版 将快速蒙版转为选区后，如果还需要在快速蒙版上编辑，可以单击工具箱底部的【以快速蒙版模式编辑】按钮 回 ，进入蒙版编辑状态。

11.5 关于通道

通道的主要用途是保存图像的色彩信息和选区。在色彩方面利用通道可以调色，在选区方面通过通道可以抠图。

11.5.1 通道与颜色

打开一个文件，Photoshop会在【通道】面板中自动创建它的颜色通道，如图11-43所示。通道记录了图像内容和颜色的信息。修改图像内容或调整图像颜色，颜色通道中的灰度图像就会发生相应的改变。

图11-43

复合通道 它是以彩色显示的，位于【通道】面板的最上层位置。在复合通道下可以同时预览和编辑所有颜色通道。

颜色通道 它们位于复合通道的下方，通道中的颜色通道取决于该图像中每个单一色调的数量，并以灰度图像性质来记录颜色的分布情况。单击【通道】面板中的某个通道即可选中该通道，文档窗口中会显示所选通道的灰度图像，这里选中【红】通道，如图11-44所示。按住【Shift】键单击多个通道，可以将它们同时选中，此时窗口中会显示所选颜色通道的复合信息，例如这里同时选中【红】和【绿】通道，效果如图11-45所示。单击复合通道，可以重新显示所有颜色通道。

图11-44

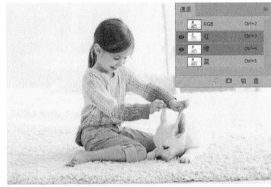

图11-45

在不同的图像模式下，通道也是不一样的，图11-46和图11-47所示为分别将该图像转换为【CMYK颜色】模式和【Lab颜色】模式后的通道。

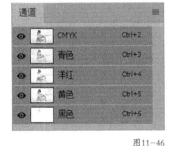

图11-46

图11-47

11.5.2 课堂案例：用通道将照片调成淡色调

在Photoshop中可以使用通道进行调色。使用通道调节色调非常快捷，尤其是使用通道替换法，很容易就可以实现色彩的转换，后期稍微调整一下整体颜色即可得到想要的效果。在设计画册封面时，用做封面的图像通常需要调整一下色调，以此来与主题文字内容相符，下面就以一个旅行画册中封面图的调色操作，来介绍使用【通道】调色的方法。

扫码看视频

原图

操作思路 具体操作分5步：①将图像转为【Lab颜色】模式；②在【通道】面板中复制明度通道；③图像转为【RGB颜色】模式；④将明度通道复制到图层中并降低其【不透明度】数值；⑤使用【色彩平衡】命令调整图像颜色。

效果图

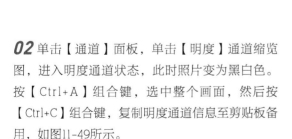

01 从画册封面文字可以读出画册带有怀旧的意境，因此可以考虑配图时将图片处理成柔软的带有怀旧风格的色调。打开素材文件中用于封面排版的照片，选择【图像】>【模式】>【Lab颜色】命令，将照片由【RGB颜色】模式转换为【Lab颜色】模式，该操作目的是利用【Lab颜色】模式的【明度】通道与背景混合，降低图片饱和度，如图11-48所示。

图11-48

02 单击【通道】面板，单击【明度】通道缩览图，进入明度通道状态，此时照片变为黑白色。按【Ctrl+A】组合键，选中整个画面，然后按【Ctrl+C】组合键，复制明度通道信息至剪贴板备用，如图11-49所示。

图11-49

219

03 单击菜单栏【图像】>【模式】>【RGB颜色】命令，将【Lab颜色】模式转换为【RGB颜色】模式，恢复原始的色彩模式状态。在【图层】面板中，按【Ctrl+V】组合键，粘贴第二步中复制的【Lab颜色】模式

的【明度】通道信息，获得"图层1"图层。将"图层1"的【不透明度】值设置为25%，使画面在不损失细节、明度的前提下，成功降低照片的色彩饱和度，完成淡色调制作，如图11-50所示。

图11-50

04 单击【调整】面板中的【创建新的色彩平衡调整】按钮，创建【色彩平衡】调整图层。选中"中间

调"，向左拖动黄色与蓝色滑块增加"黄色"，色值为-60，如图11-51所示，使画面呈现柔美的怀旧色调，如图11-52所示。

图11-51

图11-52

05 打开旅游画册文件，如图11-53所示。合并封面图的调整效果，使用移动工具将封面图移动到画册"矩形1"图层的上方，选中"封面图"图层，单击菜单栏【图层】>【创建剪贴蒙版】命令，将该图层与它下面的"矩形1"图层创建成一个剪贴蒙版组，使用【变换】命令，调整封面图到适当大小，完成封面制作，效果如图11-54所示。

图11-53

图11-54

11.5.3 通道与选区

在【通道】面板中选中任何一个颜色通道，然后单击【通道】面板下方的【将通道作为选区载入】按钮 ，即可载入通道选区，通道中白色的部分为选区内部，黑色部分为选区外部，灰色区域为羽化区域，

如图11-55所示。颜色通道是灰度图像，排除了色彩的影响，更容易进行明暗调整。通过通道转换为选区功能，就可以进行一些较为复杂的抠图操作。

图11-55

11.5.4 课堂案例：使用通道进行抠图

通道抠图是一种比较专业的抠图方法，能够抠出使用其他抠图方式无法抠出的对象。对于人像、有毛发的动物、薄纱或水等一些比较特殊的对象来说，都可以尝试使用通道进行抠图。下面以一张化妆品模特水中摄影图为例，将水花与人物从背景中分离出来，用于化妆品海报设计中，来介绍使用通道抠图的方法。

扫码看视频

原图

效果图

操作思路 具体操作分5步：①在各个通道中进行对比，找到主体与背景反差最大的通道复制并进行操作；②使用【色阶】命令强化通道黑白反差，得到合适的黑白通道；③使用画笔工具涂抹人物及需要的部分；④将通道转换为选区，按【Ctrl+I】组合键反选选区，选中人物和水花；⑤返回复合通道，按【Ctrl+J】组合键将选区内的图像创建到新图层中完成抠图操作。

01 打开素材文件，如图11-56所示，由于产品模特摄影图的白色背景无法与化妆品海报的背景融合，因此需要将产品模特和水花抠取出来便于图像的合成。

图11-56

02 打开【通道】面板，分别单击红、绿、蓝通道，观察窗口中的图像找到主体与背景反差最大的颜色通道，可以看到本例【蓝】通道中人物与背景的明暗对比最清晰，如图11-57所示。

红通道   绿通道   蓝通道

图11-57

03 选中【蓝】通道并拖动到【创建新通道】按钮 上复制蓝通道（不能在原通道上进行操作，因为会改变颜色），得到"蓝 复制"通道，如图11-58所示。按【Ctrl+L】组合键弹出【色阶】对话框，在【输入色阶】选项组中，向右拖动"黑色"滑块至45压暗阴影区域，向右拖动"灰色"滑块至0.10压暗中间调，将人物和水花压暗，如图11-59所示，效果如图11-60所示。

图11-58

图11-59   图11-60

04 使用画笔工具，将【前景色】设置为黑色，在人物处涂抹，然后降低画笔工具的【不透明度】数值，在水花处涂抹，使水花呈现半透明状态，如图11-61所示。

图11-61

05 单击【通道】面板下方的【将通道作为选区载入】按钮，如图11-62所示，将“蓝 复制”通道创建选区，如图11-63所示，按【Ctrl+Shift+I】组合键反选选区，选中人物和水花，如图11-64所示。

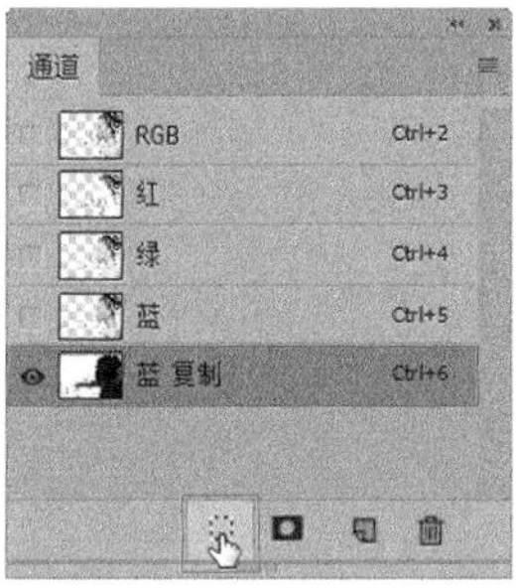

图11-62

图11-63

图11-64

06 单击【RGB】复合通道，返回【图层】面板，如图11-65所示，按【Ctrl+J】组合键，将选区中的图像创建一个新图层，完成抠图操作，图11-66所示为将背景图层隐藏后的效果。

图11-65

图11-66

11.5.5 Alpha通道

创建的选区越复杂，制作它花费的时间也就越多。为了避免因失误丢失选区，或者为了方便以后继续使用和修改，应该及时把选区存储起来。Alpha通道就是用来保存选区的。将选区保存到Alpha通道后，使用【文件】>【存储为】命令保存文件时，选择PSB、PSD、PDF和TIFF等格式就可以保存Alpha通道。

Alpha通道有三种用途：一是用于保存选区；二是可以将选区存储为灰度图像，这样就能够用画笔编辑Alpha通道来修改选区；三是可以载入选区。在Alpha通道中，白色代表了选区内部，黑色 代表了选区外部，灰色代表了羽化区域。用白色涂抹Alpha通道中的图像可以扩大选区范围；用黑色涂抹Alpha通道中的图像可以收缩选区；用灰色涂抹Alpha通道中的图像可以增加羽化范围。

以当前选区创建Alpha通道 该功能相当于将选区储存在通道中，需要使用的时候可以随时调用。而且将选区创建Alpha通道后，选区变成可见的灰度图像，对灰度图像进行编辑即可达到对选区形态进行编辑的目的。当图像中包含选区时，如图11-67所示，单击【通道】面板底部的【将选区存储为通道】按钮 ▢ ，即可得到一个Alpha通道，如图11-68所示，选区会存入其中。

图11-67   图11-68

将Alpha通道转为灰度图像 在【通道】面板中将其他通道隐藏，只显示Alpha通道，此时画面中显示灰度图像，这样就可以使用画笔工具对Alpha通道进行编辑。

将Alpha通道转为选区 单击【通道】面板下方的【将通道作为选区载入】按钮 ▨ ，即可载入存储在通道中的选区 。

11.6 课后习题

在服饰类的网络店铺展示页中，通常需要将在影棚拍摄的服装模特照片作为服装宣传片的主要元素用于海报页的制作。在设计店铺主题海报时，一般不会使用服装片里的背景作为海报的背景，而是重新设计背景。为了使人物形象能和海报的背景融合得更好，需要从影棚中拍摄的服装片里去掉背景，抠出人物图像。

原图

效果图

操作思路 具体操作分两步：①画面背景为大面积的纯色，可以先使用魔棒工具将背景抠掉；②使用【通道】将人物头发抠出。

第 **12** 章

综合应用

本章内容导读

通过日常用到的设计，如海报、网店美工、杂志、包装和创意设计等综合案例，介绍各类设计的特点以及应注意的事项。

重要知识点

- 掌握辅助线的应用
- 了解印刷中出血的概念

学习本章后，读者能做什么

通过本章学习，读者可以尝试设计各种类型的广告，有助于积累实战经验，为就业搭桥。

COMPREHENSIVE APPLICATION

12.1 美白护肤品海报设计

对于从事平面设计或其他文案策划宣传类的工作人员来说，制作精美的海报是必备的技能。制作海报，首先需要明确海报的主题，根据主题去搭配相关的文字和图片素材。本例通过设计一个化妆品宣传海报为例，介绍设计一张精美的海报应注意的事项及要求，本例效果如图12-1所示。

扫码看视频（一）

扫码看视频（二）

扫码看视频（三）

图12-1

想要制作出精美的海报，在设计时就要遵循三个基本原则：一、主题突出，内容精练；二、图片为主，文字为辅（也有一些特殊的情况以文字为主，图片为辅）；三、具有视觉冲击力。具体操作步骤如下。

01 根据海报用途，新建文档（关于新建文档的具体要求见第1章）。本例海报，设计完成后输出并张贴室内做宣传。根据张贴位置确定一个尺寸或者由客户提供尺寸。本例创建尺寸为136厘米×60厘米（横版）的项目，海报需要写真机输出，因此【分辨率】和【颜色模式】按照写真机输出要求设置，将【分辨率】设为72像素/英寸、【颜色模式】设为【CMYK颜色】模式，文件名称设为"美白护肤品海报设计"。

02 排版设计前，可以画出草图，对海报中文字和图片简单布局（这样做可以减少后续排版时间）。本例图片放置画面两侧，产品在左，模特在右，以此突出产品；中间部分留出足够的空间放置文字，以创造出稳定感，如图12-2所示（蓝色表示图片，灰色表示文字）。

图12-2

03 海报背景设计。背景跟主题图片相贴切是制作一张成功海报的关键。这里选择一张浅蓝色带有光斑的图片。按【Ctrl+O】组合键，打开素材文件中的"底图"，使用移动工具将其移动至当前文档中，如图12-3所示。

图12-3

04 打开素材文件中的"产品模特"文件（该图使用【通道】进行抠图，方法详见第11章。素材文件中包含原图可用于抠图练习），如图12-4所示，将它添加到当前文档中，放置画面最右侧并缩放到合适大小，如图12-5所示。

图12-4　　　　　　　　図12-5

图12-6

05 为【产品模特】图层添加"外发光"效果，使它与画面背景自然融合，设置参数如图12-6所示，效果如图12-7所示。

图12-7

06 打开素材文件中的"美肤产品"和"水花"文件，如图12-8所示，并将它们添加到当前文档中，将"水花"图层放置在"美肤产品"图层上方，并将"水花"的图层"混合模式"设置为【正片叠底】这样水花可以与它下方图层自然融合，效果如图12-9所示。

图12-8

图12-9

07 根据布局要求对文字进行编排，设计出对比效果明确的版面。使用横排文字工具，在选项栏中设置合适的字体、字号、颜色等，在画面中单击输入主题文字"水润修复　靓白紧致"。设置参数如图12-10所示，效果如图12-11所示。

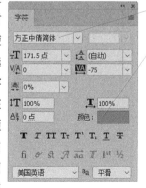

图12-10

【方正中倩简体】字体笔划粗细对比适中、婉转妩媚、温顺乖巧，给人以美的感受，适合女性产品广告设计。

字体颜色选用比背景色深的蓝色，色值为"C82 M43 Y2 K0"，它可使版面显得更加协调。

图12-11

08 对主题文字进行创意设计，从而巧妙地强调文字。在文字下半部分创建选区，如图12-12所示，新建一个图层并重命名为"蓝渐变"，使用渐变工具，进行由蓝到透明的渐变填充（蓝色色值为"C99 M85 Y44 K8"，比原文字深可以让文字上下分出层次），效果如图12-13所示。按【Ctrl+Alt+G】组合键将该图层以剪贴蒙版的方式置入主题文字，如图12-14所示。

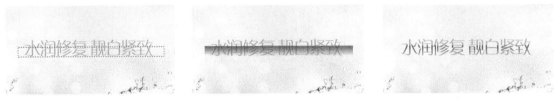

图12-12   图12-13   图12-14

打开素材文件中的"光斑"文件，如图12-15所示，将其添加到当前文档，将它的图层"混合模式"设置为【叠加】，并以剪贴蒙版的方式置入主题文字，效果如图12-16所示。

图12-15   图12-16

09 在主题文字的上方和下方输入广告语"肤美白 白茶系列"和"全面解决肌肤干燥提升焕白光晕"。为了突出功效将"全面解决肌肤干燥提升焕白光晕"文字适当调大。在主题文字下方绘制一条横线，该横线起到间隔文字、装饰主题文字的作用。对广告语和横线应用【渐变叠加】效果使它们与主题文字相协调。具体设置参数及相关操作步骤见本例视频，效果如图12-17所示。

图12-17

10 输入价格，人民币符号使用较小的字号突出数字。输入"新品抢先价"在该文字下方添加一个渐变底图可以让文字显眼一些。具体设置参数及相关操作步骤详见本例视频，效果如图12-18所示。

图12-18

11 制作光感层平衡画面的亮度。新建一个图层，命名为"光感"图层，使用渐变工具进行由白到灰的渐变填充，将该图层的"混合模式"设置为叠加，【不透明度】设置为35%，如图12-19所示，效果如图12-20所示。

图12-19   图12-20

12.2 时尚杂志封面设计

封面是杂志的重要部分，读者接触杂志的"第一信息"就是通过封面获取的，因此，杂志的封面必须有吸引力并能体现杂志的整体风格。下面通过一款女性时尚杂志封面的设计，来介绍杂志封面设计应该注意的事项及要求，本例效果如图12-21所示。

杂志封面应该具备哪些要素呢？杂志的封面主要由两部分组成：一是封面视觉主题表现，刊名和封面图片；二是引导目录，重要目录在封面上的设计表现。另外，一本标准杂志封面还应包含日期、价格等信息要素。具体操作步骤如下。

图12-21

扫码看视频（一）

扫码看视频（二）

扫码看视频（三）

01 创建文档。杂志印刷后常用两种装订方式，一种是骑马钉对于页数不多的杂志装订方式，另一种是无线胶装对于页面多的杂志装订方式。基于不同的装订方式，文档的创建尺寸也有所不同，杂志的封面、封底一般是连在一起设计，骑马钉杂志宽度尺寸为（封面+封底+出血）、无线胶装杂志宽度尺寸为（封面+书脊厚度+封底+出血）。以成品尺寸210毫米×285毫米（竖版）装订方式为骑马钉的杂志设计为例，文档创建尺寸应为426毫米×291毫米，由于本例只展示杂志封面的设计，因此出血只加3面（上、下、右），尺寸为213毫米×291毫米。杂志的【分辨率】和【颜色模式】应按照印刷要求设置，将【分辨率】设置为300像素/英寸、【颜色模式】设置为【CMYK颜色】模式，文件名称设为"时尚杂志封面设计"。

💡 **提示** 出血是一个常用的印刷用语，指印刷时为保留画面有效内容而预留出的方便裁切的部分，以避免裁切后的成品露白边或裁到内容。出血统一为3毫米，例如设计一张宣传单成品尺寸为210毫米×285毫米，那么在设计时，四周要加3毫米的出血，尺寸为216毫米×291毫米。

💡 **提示** 骑马订是在成品的中央书脊处，装订针钉使整个印件固定，骑马订书脊没有厚度；无线胶装就是通过胶把书页在中央书脊处粘贴在一起的，胶装书脊书有一定的厚度。

骑马钉

无线胶装

02 设置出血线。单击菜单栏【视图】>【新建参考线】命令或按【Alt+V+E】组合键，弹出【新建参考线】对话框，在其中单击【水平】单选钮，然后输入【位置】为0.3厘米，设置顶端出血线，如图12-22所示。按相同方法设置底端出血线和右端出血线，如图12-23和图12-24所示。添加出血线后的效果如图12-25所示。

新建参考线

取向
● 水平(H)
○ 垂直(V)
确定 取消

位置(P): 0.3厘米

图12-22

新建参考线

取向
● 水平(H)
○ 垂直(V)
确定 取消

位置(P): 28.8厘米

图12-23

新建参考线

取向
○ 水平(H)
● 垂直(V)
确定 取消

位置(P): 21厘米

图12-24

03 本例杂志使用较常规的版式进行设计，刊名位于页面上方中间位置，封面人物放在页面中间位置，标题放在页面两侧。

图12-25

04 添加封面人物图到页面的中间，添加刊名到页面顶端中间位置，如图12-26所示。为"刊名"图层添加"图层蒙版"，将刊名遮挡人像处使用蒙版隐藏（具体操作方法见第11章），效果如图12-27所示。

图12-26

图12-27

05 输入引导目录。使用横排文字工具，在工具选项栏中设置合适的字体、字号、字体颜色等，在页面单击输入标题文字（注意：输入左侧文字时，在工具选项栏中单击【左对齐文本】按钮▤，可以使文字居左排列；输入右侧文字时，在工具选项栏中单击【右对齐文本】按钮▤，可以使文字居右排列），如图12-28所示。

字体颜色选用刊名颜色，色值为"C14 M68 Y8 K0"，它使版面显得更加协调，同时用这种用鲜亮的色彩做点缀，可以使版面更具活力。

"汉仪大宋简"字体横细竖粗、清正典雅、字型稳健，适用于报刊、书籍的各类标题。

字体颜色选用白色，色值为"C0 M0 Y0 K0"，背景为暗色，使用白色易于阅读，并且在封面排版设计讲究宁简勿繁文字不易使用过多的颜色。

图12-28

06 输入封面中的重点内容。封面中重点内容可以采用较大的字号使其醒目，本例重点内容还对文字应用了"投影"效果，并进行了倾斜处理，这样可以表现出文字的层次感。使用横排文字工具，在工具选项栏或【字符】面板中设置合适的字体、字号、字体颜色等，在页面中单击输入"华丽狂欢进行时"，如图12-29所示。为该文字添加"投影"效果，设置如图12-30所示，效果如图12-31所示。

在【字符】面板中单击【仿斜体】按钮 *T*，文字呈倾斜状态。

图12-29

使用横排文字工具，在工具选项栏或【字符】面板中设置合适的字体、字号、颜色等，在页面中单击输入"LET'S PARTY!"，复制"华丽狂欢进行时"的"投影"效果到该文字图层。在"华丽狂欢进行时"文字下方输入说明文字。具体参数及相关操作步骤详见本例视频，效果如图12-32所示。

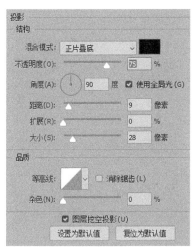

图12-30

图12-31

图12-32

07 使用矩形选框工具，在页面的左上角创建选区，新建一个图层，填充浅紫色（颜色选用人物衣服色，色值为"C37 M30 Y0 K0"，它使版面显得更加协调），在色块的上方输入文字。将该文字和浅紫色底同时选中按【Ctrl+T】组合键旋转45°，移动到页面右上角。具体参数及相关操作步骤见本例视频，效果如图12-33所示。

08 输入刊号和价格，文字颜色使用黑色。印刷中输入黑色字要用单色黑（即"C0 M0 Y0 K100"），并且如果文字图层下方图像非纯白色时需要将文字【正片叠底】，具体参数及相关操作步骤见本例视频，效果如图12-34所示。

图12-33

图12-34

关于印刷中黑色文字设置

印刷中的黑字要用单色黑，因为印刷是四色印刷，需要套印，如果用四色黑，或其它颜色，在进行套印时，如果偏一点点，就会导致印出来的字偏色，特别是比较小号的字。如果是在Photoshop中设计的，还必须要将文字图层【正片叠底】，这样印刷效果会好。

12.3 小米礼盒包装设计

包装以文字、色彩和图案等艺术形式组成，它能突出产品的特色和形象，将信息传达给消费者。在进行包装设计前我们需要先了解市场的需求，把握商品自身的定位和特征，才能进行有针对性的设计。下面通过一款小米礼盒设计，介绍包装设计中应该注意的事项，本例效果如图12-35、图12-36所示。

扫码看视频（一）

扫码看视频（二）

扫码看视频（三）

扫码看视频

小米礼盒包装立体效果

小米礼盒包装平面图

图12-35

图12-36

本例分两部分讲解包装设计：一是制作小米礼盒包装平面图；二是制作小米礼盒包装立体效果图。

制作小米礼盒包装平面图

设计一款包装应该注意哪些事项呢？包装设计主题通常为包装名称和主图，另外，礼盒包装还应该包含说明文字、广告语、净重量、生产许可、条形码等信息要素。

那么，设计一款成功的包装设计需要具备哪些基本点？

一、好的包装设计对顾客起着强有力的吸引作用，会使他们眼前一亮；二、包装上的文字要清晰易读，内容要简单直接；三、外观图案要美观大方、醒目、寓意性强并且富有艺术性；四、商品的功能、特点、注意事项等也要用简单明了的图文表示出来；五、在包装设计的过程中必须注重产品名称、图案、色彩等各个要素的整体关系。

01 礼盒包装设计要确定礼盒的宽度、高度和厚度。本例礼盒尺寸要求：宽度32厘米、高度23厘米、厚度8.5厘米。在设计礼盒包装平面展开图时通常要将礼盒的正面和侧面连在一起进行排版设计，因此设置一个【宽度】为41.1厘米、【高度】为23.6厘米（礼盒也需要印刷，该尺寸包含四周加的3毫米出血）的正、侧面展开图，并按照印刷要求设置【分辨率】为300像素/英寸、【颜色模式】为【CMYK颜色】模式，再将文件名称为"小米礼盒包装设计"。使用参考线标记出，包装的正面和侧面的分界线以及出血线，如图12-37所示。

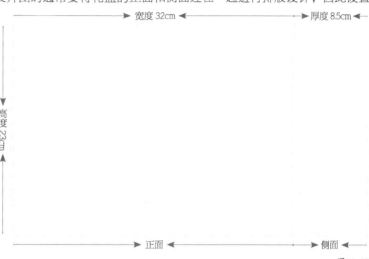

图12-37

02 确定包装的颜色和基本版式。本例礼盒名称为"黄金贡米"，根据该礼盒名称，可以将包装设计成复古风格。以黄色和咖啡色为主色，黄色让人联想到小米的色泽，咖啡色往往能在版面里呈现出雅致的品位感，不过这样的底色也容易给人沉重的感觉，在编排版面时用明亮的黄色来搭配，使画面产生较大的明度差，可以强调亮部。设置前景色为亮黄色，色值为"C5 M20 Y86 K0"，使用前景色填充背景图层；使用矩形选框工具将礼盒侧面创建选区填充咖啡色，色值为"C75 M84 Y85 K19"，此时黄色占画面比重太大；使用矩形选框工具，在礼盒的正面绘制选区并填充咖啡色（该色块与包装正面占比三分之一强）。大体划分出礼盒的版式，如图12-38所示。

图12-38

03 打开素材文件夹中的"Logo"文件，并将它添加到当前文档包装正面左上角咖啡色背景的中间位置，如图12-39所示。设计复古风格礼盒，可以使用书法体。打开素材文件中的"礼盒名称"文件，将文字添加到当前文档中，通过设置不同大小、错开排列的方式，在排列完成后合并礼盒名称（该图层文字使用单色黑，将合并图层后的图层混合模式设置为【正片叠底】），打开素材文件中的"印章"文件，将它添加到书法字的右上方，可以装饰画面，增加版面的艺术气息，如图12-40所示。

图12-39

图12-40

04 使用直排文字工具，在礼盒名称的下方输入黄金贡米的说明文字（大字使用点文本创建，小字使用段落文本创建），中间绘制竖线（用于间隔文字，同时也可以美化画面），由于直排文字工具常用于古典文学或诗词的编排，本例使用该方式排列文字会有较为美观的效果，同时该排列方式也适合表现复古风格，如图12-41所示。

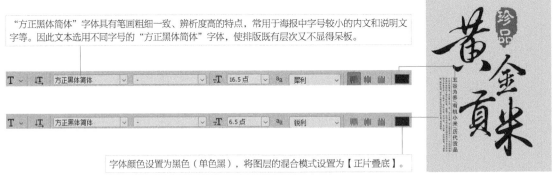

图12-41

05 打开素材文件中的"谷穗图案"文件并将其添加到当前文档中，放置于礼盒名称的第一个字处，

单击【锁定透明像素】按钮图，将图层填充为单色黑并设置图层的"混合模式"为【正片叠底】，如图12-42所示，效果如图12-43所示。

图12-42

图12-43

06 添加主图谷穗和小米。打开素材文件中的"谷穗"文件并将它添加到当前文档中，移动到礼盒正面咖啡底和黄色底之间的位置，为该图层添加【投影】样式使谷穗呈现立体效果，参数如图12-44所示，效果如图12-45所示。

图12-44

图12-45

打开素材文件中的"小米"文件，将其添加到当前文档"谷穗"图层的上方，再打开素材文件中的"小米投影"文件将它移到"小米"图层的下方，最后将它的图层"混合模式"设置为【正片叠底】。效果如图12-46所示。

图12-46

07 在礼盒中添加"净含量"。使用圆角矩形工具，在工具选项栏中设置路径模式为【形状】，单击填充后方的色块，设置颜色为背景中的黄色，在画面正面绘制圆角矩形，如图12-47所示。使用横排文字工具在圆角矩形的上方输入"净含量：10kg"。完成礼盒正面排版，如图12-48所示。

图12-47

图12-48

08 在礼盒侧面输入产品功效。打开素材文件中的"Health"文件，添加到当前文档礼盒侧面中间位置，对该文字进行创意设计，以增加画面的趣味性，如图12-49所示。

图12-49

使用横排文字工具以【点文本】的方式输入"营养健康每一天"，以【段落文本】的方式输入小米功效，如图12-50所示。

09 打开素材文件中的条形码、生产许可、提示性标识，添加到礼盒侧面。完成礼盒侧面排版，如图12-51所示。

图12-50

图12-51

10 实色背景给人以平淡的感觉，可以在背景上方添加图案充实一下画面效果。打开素材文件中的"米字"文件（该素材通过使用不同字体的"米"字和竖线搭配，进行有规律的排列），添加到当前文档背景图层的上方，移动到黄色背景处，使用矩形选框工具将黄色背景创建选区，单击图层面板中的【添加图层蒙版】按钮创建"图层蒙版"，将选区之外的图像隐藏，如图12-52所示。将该图层"混合模式"设置为【滤色】，效果如图12-53所示。

图12-52

图12-53

打开素材文件中的"打谷穗"文件，添加到当前文档，移动到左面咖啡色底图上方，将图层"混合模式"设置为【柔光】，复制该图层，并移动到礼盒侧面底图上方。完成最终效果如图12-54所示。

图12-54

制作小米礼盒包装立体效果图

包装效果图，要根据包装的材质设计制作，通过对包装外形和光影进行绘制，塑造包装的立体感。制作小米礼盒包装立体效果，具体操作步骤如下。

01 将图层导出为单个文件，为制作包装立体效果做准备。按【Ctrl+Alt+Shift+E】组合键将所有可见图层中的图像盖印到一个新图层中，使用矩形选框工具选中礼盒正面，如图12-55所示。按【Ctrl+J】组合键将选中的图像创建到一个新图层中，命名为"礼盒正面"，右击该图层，在弹出的快捷菜单中单击【导出为】命令，如图12-56所示，打开【导出为】对话框，在该对话框中设置需要导出的文件格式，本例选择【JPG】，选中【转换为sRGB】选项（由于礼盒包装立体效果仅为模拟样盒效果，不用于印刷使用），其他选项为默认设置；单击【全部导出】按钮，如图12-57所示，将"礼盒正面"图层导出为一个JPG格式文件。按相同方法将礼盒侧面导出成一个名为"礼盒侧面"的JPG格式文件。

图12-55

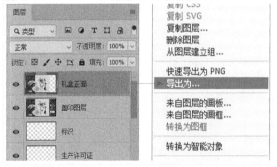

图12-56

图12-57

02 在【新建文档】的【打印】预设选项中，创建一个 A 4 纸大小、名为"小米礼盒包装立体效果"的文档。将背景填充为浅灰色（色值为"R241 G241 B241"），用于凸显包装效果。

03 打开"礼盒正面"，将其添加到"小米礼盒包装立体效果"中，单击【编辑】>【变换】>【缩放】命令将礼盒正面等比例缩放适合大小，如图12-58所示。

图12-58

调整盒面透视关系，当物体产生透视关系时，根据视觉可见宽度需要缩进一些，通过近大远小的透视关系对礼盒正面进行变形处理。按住【Shift】键（可以进行横向或纵向的放大或缩小）向左拖动定界框右边中间的控制点，压缩宽度，如图12-59所示；按住【Ctrl】键（可以从垂直或水平方向进行变形）向上拖动定界框右边顶端的控制点，向下拖动定界框右边顶端的控制点，使礼盒正面呈现近大远小的透视效果。如图12-60所示。

图12-59

图12-60

04 打开"礼盒侧面"添加到"小米礼盒包装立体效果"中紧贴礼盒正面右侧边缘。单击【编辑】>【变换】>【缩放】命令将礼盒侧面等比例缩放适合礼盒正面右侧边缘高度，如图12-61所示。

图12-61

按住【Shift】键向左拖动定界框右边中间的控制点，压缩宽度，如图12-62所示；按住【Ctrl】键从垂直方向进行变形，向下拖动定界框右边顶端的控制点，向上拖动定界框右边顶端的控制点，使礼盒侧面呈现近大远小的透视效果。如图12-63所示。

图12-62   图12-63

05 制作光影效果。将"礼盒正面"载入选区，新建一个图层，命名为"光影"，使用渐变工具填充一个从白色到透明的渐变，设置图层混合模式为【柔光】，效果如图12-64所示。如果礼盒侧面是亮色时可以使用渐变工具填充一个从黑色到透明的渐变，设置图层混合模式为【正片叠底】，使礼盒产生光照的投影效果。光影效果的制作可以使礼盒看起来更逼真。

06 制作礼盒提手与礼盒投影。具体参数及相关操作步骤详见本例视频，效果如图12-65所示。

图12-64   图12-65

▌12.4 网店首屏海报设计

　　网店首屏海报一般位于顾客进入网店首页看到的最醒目区域，是对店铺最新商品、促销活动等信息进行展示的区域。因此网店首屏海报的设计必须描述简洁鲜明、有号召力与艺术感染力，达到引人注目的效果。下面通过女装首屏海报的设计，来介绍网店首屏海报设计的要求及应该注意的事项，本例效果如图12-66所示。

扫码看视频（一）

扫码看视频（二）

图12-66

　　网店首屏海报，将主推商品展现给顾客，可用"新品推出"或"打折"等字样吸引顾客，从而增加浏览量和交易量。网店首屏海报整体色调、所用字体等要与店铺整体格调一致。

　　网店首屏海报在设计上可遵循海报设计的一些特点，但在文档设置上有一些不同。在电商平台网页首屏展示常需要考虑到海报的显示效果，保证海报不会出现失真，因此对海报的尺寸有一定的要求。通常要求海报为横版，宽度一般为800像素、1024像素、1280像素、1440像素、1680像素或1920像素，高度可根据实际情况调整。本例为服装网店首屏主推的春季新品海报设计案例，要求画面风格清新文艺，尺寸要求为1920像素×1000像素（横版）。

01 根据设计要求创建文档。新建一个尺寸为1920像素×1000像素、分辨为72像素/英寸、【颜色模式】为【RGB颜色】模式、文件名称为"网店首屏海报设计"的文档，设置前景色的色值为"R253 G238 B237"（浅色豆沙粉适合表现春季活跃的气息），再为背景添加一个淡雅的颜色，如图12-67所示。

图12-67

02 本例首屏海报主推春装，将海报宣传语以及促销时间安排在画面左侧；海报主图（服装模特）安排在版面中间偏右位置，使其更醒目；通过使用之前讲述的方法，将服装模特的人像处理成与右侧背景图底色一致的色调并放在主图右侧，这样既丰富背景又能突出主图；最后在版面的右侧加一段描述性文字用于烘托主题。

03 先将主图添加到版面中。打开素材文件中的"人物1"文件（该图使用【通道】进行抠图，方法详见第221页，素材文件中包含原图可用于抠图练习），使用移动工具将"人物1"拖曳至"网店首屏海报"文档中，缩放至合适大小，放置画面黄金比例位置（黄金比例是一种特殊的比例关系，也就是0.618∶1。符合黄金比例的画面会让人觉得和谐、醒目并且具有美感）。为该图层添加"投影"效果，让人物有一定的立体感，设置参数如图12-68所示，效果如图12-69所示。

图12-68

图12-69

04 在"人物1"图层的下方，创建一个图层，使用矩形选框工具在主图的左侧绘制选区，填充为深豆沙粉色，色值为"R236 G109 B86"（该颜色比粉色更有色彩感，比红色更内敛，这种带着青春浪漫气息的豆沙粉色系适合用于女性主题海报）。打开素材文件中的"花纹"文件，将其添加当前文档中，并移动到"深色豆沙粉色底"图层的上方，将图层的"混合模式"设置为【滤色】，用于装饰该色块使其不单调，如图12-70所示。

图12-70

05 打开素材文件中的"人物2"文件，将其添加到当前文档"人物1"图层的下方，并移动到主图的右侧，如图12-71所示。

图12-71

06 将"人物2"处理成单色效果，使其与背景颜色相统一。单击【调整】面板中的【创建新的渐变映射调整图层】按钮，创建【渐变映射】调整图层。在其属性面板中单击渐变色条，如图12-72所示，在弹出的【渐变编辑器】对话框中设置渐变颜色，双击渐变色条左侧色标，打开【拾色器】对话框将其设置为深豆沙粉色，色值为"R236 G109 B86"，同理将右侧色标设置为白色，色值为"R255 G255 B255"，设置完成后如图12-73所示。

图12-72

图12-73

07 此时"人物2"变为单色效果，如图12-74所示。由于调整图层调整图像后会影响到它下方的所有图层，因此使用【渐变映射】调整图层后，它下方图层、图像都发生了变化。单击菜单栏【图层】>【创建剪贴蒙版】调整图层，将【渐变映射】调整图层以剪贴蒙版的方式置入"人物2"图层，效果如图12-75所示。此时"人物2"处理成单色效果，既能充实画面、突出主图，又能让版面看起来更有趣。

图12-74

💡 **提示** 【渐变映射】是通过在图像上叠加渐变颜色来改变画面整体颜色的，通过该命令赋予照片新的色彩，从而进行创造性的颜色调整。如果指定的是双色渐变，图像中高光就会映射到渐变填充的一个端点颜色上，阴影则映射到另一个端点颜色上，中间调映射为两个端点颜色之间的渐变。

图12-75

08 打开素材文件中的"光影"并将其添加到当前文档背景图层上方，将图层的【不透明度】设置为50%，效果如图12-76所示。为该图层添加"图层蒙版"将画面右侧隐藏一部分，使画面亮度均匀一些，如图12-77所示。

图12-76

图12-77

09 新建一个图层，命名为"基底图层"。使用矩形选框工具在画面中单击绘制选区并填充白色。为该图层添加"投影"，设置参数如图12-78所示，效果如图12-79所示。

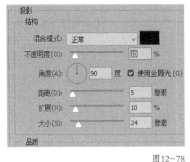

图12-78

图12-79

10 将"基底图层"移动到背景图层的上方，同时选中"花纹""深色豆沙粉色底""光影背景"这3个图层，单击菜单栏【图层】>【创建剪贴蒙版】命令，将这3个图层以剪贴蒙版的方式置入"基底图层"中，如图12-80所示。

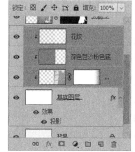

图12-80

将"人物 1""人物 2"图层与"基底图层"进行底对齐，效果如图12-81所示。这样画面上下留出对等的窄边，主图人物在画面中不会有压迫感，同时留出的窄边也会增加画面的层次感。

图12-81

11 输入左侧文字，采用横向排列，将文字字体、大小采用差异较大的设置，这样可以创造活泼、对比强烈的设计版面。使用横排文字工具，在工具选项栏中设置合适的字体、字号、颜色，在画面中以"点文本"的方式输入广告文字（具体创建方法见第7章），效果如图12-82所示。

图12-82

12 输入右侧文字，采用竖向排列。右侧文字使用直排文字工具，在工具选项栏中设置合适的字体、字号颜色，在画面中以"段落文本"的方式进行创建（具体创建方法见第7章）。完成的最终效果如图12-83所示。

图12-83

12.5 创意汽车海报设计

创意合成指的是对多张图片进行艺术加工后，合成一张图片。创意合成前期的构思与收集的素材非常重要，要是没有这些合适的素材，很难做出视觉强烈的作品。本例以"5G汽车玩转世界"为主题，通过大胆想象和创意设计，让汽车在海底世界驰骋，以此来凸显5G汽车功能的强大，本例效果如图12-84所示。

做创意合成前首先要了解应注意的事项：一、创意合成素材的组合要有关联，画面元素不能有拼合感；二、素材与主体光照方向、高度应一致。在合成画面的各个素材中，如果侧光的主体与顺光的背景合成、高位光主体与低位光背景合成等，会导致画面产生光线不一致的现象；三、角度、透视、大小、比例、色彩应协调。不同的拍摄角度以及镜头焦距变化都会为画面带来不同的透视变化；四、合成边缘要过渡自然，尽量做到"真实"无拼合感。

扫码看视频（一）

扫码看视频（二）

扫码看视频（三）

图12-84

本例合成主要通过【蒙版】的应用使素材与素材之间完美衔接，通过色彩的调整使各个素材保持色调一致。

01 创建一个29.7厘米×42厘米（竖版），【分辨率】为300像素/英寸、"颜色模式"为【RGB颜色】模式（如果需要用于印刷则选用【CMYK颜色】模式），文件名为"创意汽车海报设计"的文档。将前景色设置为深蓝色（色值为"R0 G35 B63"），填充背景图层，造出海底的深色，如图12-85所示。

图12-85

02 新建一个图层，命名为"浅蓝"，使用画笔工具将笔尖设置为柔边笔触，设置前景色为浅蓝色（色值为"R38 G127 B157"），设置不同的笔尖大小和不透明度在画面中涂抹提亮，从而打造海水的层次感，如图12-86所示。

图12-86

03 打开素材文件夹中的"海底"文件并将它添加到当前文档中，如图12-87所示。对该图层应用"图层蒙版"将上方画面遮住，如图12-88所示。

图12-87

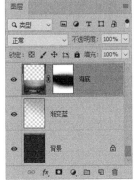

图12-88

04 打开素材文件夹中的"海面"文件并添加到当前文档中，如图12-89所示。应用"图层蒙版"并对该蒙版进行编辑，将该海面下方的画面遮住，如图12-90所示。

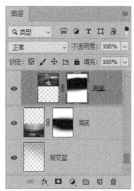

图12-89   图12-90

05 从画面中看添加的"海面"明暗对比不够并且饱和度过高，从而与海底整体色调不搭。在【调整】面板中创建【色阶】和【色相/饱和度】调整图层，并以剪贴蒙版的方式置入"海面"图层，只对海面进行调整。在【色阶】调整图层的属性面板中向右拖动"中间调"滑块，压暗中间调；向左拖动"高光"滑块，提亮高光；向右拖动"阴影"滑块，压暗阴影，增加画面的明暗对比效果；设置参数如图12-91所示。在【色相/饱和度】调整图层的属性面板中，向左拖动【饱和度】滑块，降低画面的饱和度，设置参数如图12-92所示，效果如图12-93所示。将"海面"图层与【色阶】【色相/饱和度】调整图层创建到一个组中，命名为"海面"，如图12-94所示。

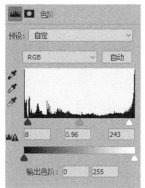

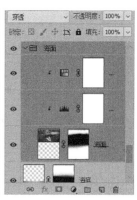

图12-91   图12-92   图12-93   图12-94

06 打开素材文件夹中的"大鲸鱼"文件并添加到当前文档，如图12-95所示。画面中的"大鲸鱼"色彩偏蓝与中间海水色调不统一，在【调整】面板中创建【色阶】【色彩平衡】和【色相/饱和度】调整图层，并以剪贴蒙版的方式置入"大鲸鱼"图层，只对"大鲸鱼"进行调整：对"大鲸鱼"的【色阶】和【色相/饱和度】进行与"海面"一样的调整。在【色彩平衡】调整图层的属性面板中，由于"大鲸鱼"整体偏色，选择"中间调"进行调整，向左拖动黄色与蓝色滑块减少蓝色，向左拖动青色与红色滑块增加青色，设置参数如图12-96所示。效果如图12-97所示，此时"大鲸鱼"与海水色调基本协调。

图12-95

将"大鲸鱼"图层与【色阶】【色相/饱和度】【色彩平衡】调整图层，创建到一个组中，命名为"大鲸鱼"，如图12-98所示。

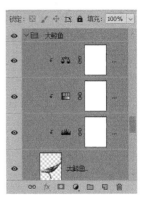

图12-96　　　　　　　图12-97　　　　　　　　　　　　　　　　图12-98

07 在素材文件夹中打开本例的主角"汽车"文件并将它添加到当前文档中，如图12-99所示。从画面中可以看到"汽车"暗部不够暗并且"汽车"整体偏黄色与整体色调不协调，使用【色阶】【色彩平衡】和【可选颜色】调整图层进行调整，将它们以剪贴蒙版的方式置入"汽车"图层，只对"汽车"进行调整。针对"汽车"暗部不够暗的情况在【色阶】调整图层中，向右拖动"阴影"滑块压暗暗部，向左拖动"高光"滑块然后适当提亮高光，设置参数如图12-100所示，效果如图12-101所示。针对"汽车"整体偏黄的情况，在【色彩平衡】调整图层的"中间调"进行调整，向右拖动黄色与蓝色滑块增加蓝色，向左拖动青色与红色滑块减少红色，向左拖动洋红与绿色滑块增加洋红色，设置参数如图12-102所示，效果如图12-103所示。

图12-99

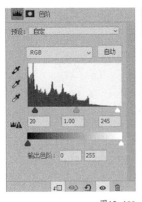

图12-100　　　　　　　图12-101　　　　　　　　图12-102　　　　　　　图12-103

经过【色彩平衡】调整后校正了"汽车"偏黄现象，但车身的红色有点多。在【可选颜色】调整图层中选择【红色】进行单独调整，向右拖动"青色"滑块增加青色减少红色，向左拖动"洋红"滑块减少洋红色，向左拖动"黄色"滑块减少黄色，向右拖动"黑色"滑块增加黑色，设置参数如图12-104所示，效果如图12-105所示。

图12-104　　　　　　　图12-105

08 新建一个图层，并命名为"汽车投影"，使用柔边画笔在画面汽车下方绘制投影，将该图层移动到"大鲸鱼"图层组的上方并以剪贴蒙版的方式置入"大鲸鱼"图层，该操作目的是将"投影"投在"大鲸鱼"身上。通过设置图层的【不透明度】来控制投影的深浅，本例设置图层【不透明度】值为75%，效果如图12-106所示。

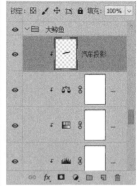

图12-106

09 打开素材文件夹中的"沉船"文件并添加到当前文档中，放到海底位置，如图12-107所示，应用图层蒙版，只保留船身。添加该素材可以丰富画面效果，同时也可表示该场景处于海底，如图12-108所示。

图12-107   图12-108

10 打开素材文件夹中的"小鱼"文件，并将它移动到"大鲸鱼"所在图层的下方，如图12-109所示。

11 打开素材文件夹中的"风筝"文件，并将它移动到"大鲸鱼"所在图层的下方，如图12-110所示。

图12-109   图12-110

12 新建一个图层，命名为"海面压暗"，使用渐变工具填充一个从黑色到透明的渐变，设置图层混合模式为【柔光】，将画面上方的海面压暗，效果如图12-111所示。新建一个图层，命名为"海底压暗"，使用渐变工具填充一个从黑色到透明的渐变，如果设置的颜色过重可以通过降低【不透明度】值让颜色变浅，本例【不透明度】值为82%，将海底压暗，效果如图12-112所示。压暗海面和海底用于营造海底世界深不可测的氛围。

图12-111   图12-112

13 打开素材文件夹中的"上面气泡"和"下面气泡"文件并添加到当前文档中，将"下面气泡"图层的不透明度数值设置为86%（该操作用于区分上下气泡的层次），并分别应用"图层蒙版"，隐藏海底和风筝处的气泡，如图12-113所示。

添加上面和下面气泡

气泡添加【蒙版】后

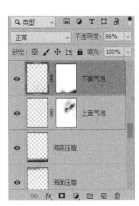

图12-113

14 打开素材文件夹中的"下面大气泡"并添加到当前文档中，如图12-114所示。从画面中可以看到气泡太白，下面使用【色彩平衡】和【色相/饱和度】调整图层，提取气泡中的颜色。创建【色彩平衡】和【色相/饱和度】调整图层进行调整，将它们以剪贴蒙版的方式置入"下面大气泡"图层，只对"下面大气泡"进行调整。在【色彩平衡】调整图层中选择"中间调"，向左拖动青色与红色滑块增加青色，向右拖动黄色与蓝色滑块增加蓝色，设置参数如图12-115所示；在【色相/饱和度】调整图层中，向左拖动【色相】滑块，使气泡呈现青绿色，向右拖动【饱和度】滑块，增加画面的饱和度，设置参数如图12-116所示。将该图层的【不透明度】设置为91%，效果如图12-117所示。将"下面大气泡"图层与【色彩平衡】【色相/饱和度】调整图层，创建到一个组中，并将其命名为"下面大气泡"。

图12-114

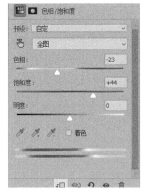

图12-115 图12-116

图12-117

15 打开素材文件夹中的"上面大气泡"文件添加到当前文档，如图12-118所示。

图12-118

16 打开素材文件夹中的"水母"文件添加到当前文档，如图12-119所示。

图12-119

17 打开素材文件夹中的"信号图标"添加到当前文档"水母"的上方，并为该图层添加【投影】图层样式。使用横排文字工具，在工具选项栏中设置【字体】为"方正艺黑繁体"（该字体字型圆润饱满与信号图标较协调）、【字号】为72、【颜色】为白色（白色使版面更干净、显眼），在"信号图标"下方输入"5G"并将"信号图标"【投影】图层样式复制到"5G"文字图层中。同时选中"信号图标"图层和"5G"图层，并将它们移动到水母所在图层的上方，使用【变换】>【旋转】命令，将它们旋转到与水母一样的倾斜方向。【投影】图层样式设置参数如图12-120所示，效果如图12-121所示。

图12-120

图12-121

18 输入主题文字。使用横排文字工具，在工具栏中设置【字体】为"方正正大黑简体"（该字体粗重平稳，结构规整，让标题更能吸人眼球）、【字号】为90、【颜色】为白色，在"大鲸鱼"的下方输入"玩心不泯，陪你玩转世界！！"为该图层添加【斜面和浮雕】和【投影】图层样式，设置参数如图12-122、图12-123所示。使用【变换】>【旋转】命令旋转文字，使它与汽车的倾斜方向一致（具体操作见第3章），效果如图12-124所示。

图12-122

图12-123

图12-124

19 使用横排文字工具，在工具栏中设置【字号】为25、【字体】和【颜色】不变，在画面左下角输入"5G智享汽车 智享玩美"，效果如图12-125所示。

图12-125

20 创建【色彩平衡】调整图层调整画面整体颜色。选择"中间调"，向左拖动青色与红色滑块减少红色，向右拖动洋红与绿色滑块增加绿色，向右拖动黄色与蓝色滑块增加蓝色，设置参数如图12-126所示，调整后画面颜色更为通透，如图12-127所示。

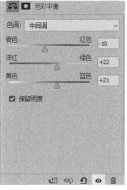
图12-126

图12-127